JN308074

なぜ生物に寿命はあるのか？

池田清彦

PHP文庫

○本表紙図柄＝ロゼッタ・ストーン（大英博物館蔵）
○本表紙デザイン＋紋章＝上田晃郷

はじめに

不老不死を願った人々

不老不死は太古の昔から人々の永遠の望みであった。現世の栄華を極めた絶対権力者も大富豪も、老いと死から免れる術《すべ》はない。四苦、すなわち生・老・病・死は万人に等しく訪れ、これを究極的に回避する方法は、今のところは見当たらない。しかし、ないものねだりもまた世の常である。

幼少の頃から病弱だったと言われる秦の始皇帝は、侯生《こうせい》と盧生《ろせい》に不老不死の仙薬を作るよう命じたと言う。うまくいかなかった二人は始皇帝の怒りを恐れて逃げ出したらしい。不老不死の仙薬などはないのだから、作れと言うほうが無茶なのだ。

しかし、始皇帝はよほど死ぬのがいやだったとみえて、この後も徐福《じょふく》に命じて、神仙が住むという蓬莱山《ほうらい》に不老不死の仙薬を探しに行かせている。蓬莱山は実は日本だったという説があり、日本の各地に徐福が住んだという伝説が残っている。

侯生、盧生、徐福らは方士《ほうし》と呼ばれ、西洋で言うところの錬金術師（アデプト）のような存在であったようだ。呪術師、薬剤師、占星術師、祈禱師を合わせたようなものだ。誰よりも不老不死を願った始皇帝は、皮肉なことに四十九歳の若さで急死している。仙薬として飲んでいた水銀の中毒死だったという説もある。

西洋でも不老不死の願いは強く、十六〜十八世紀には錬金術師がヨーロッパ中を徘徊し、不老不死の霊薬を飲んで数百年の寿命を保っていると信じられていた。有名な錬金術師パラケルススは、イオウと水銀と塩を使って様々な病気を治そうと試みており、秘薬を使って病気を治したり、寿命を延ばしたりできるとの考えは、洋の東西を問わず根強いものだったと思われる。

現在でも、若返りの妙薬なるものがあるとの信仰はけっこう蔓延しており、市場規模もそれなりに大きいようだ。しかし、一九九七年に百二十二歳で死んだフランスの女性、ジャンヌ・カルマンさんを超えて長生きした人はまだいないので、若返りの妙薬なるものがあるとしても、最大寿命を延ばす効果が本当にあるのかは疑問であろう。

バクテリアの細胞系列は不死身

ところで、寿命はなぜあるのか。読者の多くは、生物はすべて死ぬのだから寿命があるのは当たり前だと思っているだろうが、最も原始的な生物であるバクテリアは、エサが豊富にあり、無機的な環境条件が好適な限り、原則的には死なないのだ。

たとえば、大腸菌を寒天培地（寒天を用いた培地のこと。微生物学や植物学の分野で、微生物や細胞を培養するために用いられる）で培養すると栄養条件を含む環境条件が好適な限り、どんどん増え続ける。単細胞の大腸菌は分裂して二つになり、さらに分裂して四つ、八つ、一六、三二と数を増やしていく。捕食者に食われたり、事故死したりしない限り、細胞系列は不死である。

私は中学生の頃、もし大腸菌が心をもっていたら、一つの大腸菌が分裂して二つになった時に、心はどうなるのだろうと考えたことがある。私は心をもつ。私は個体である。だから、個体はみな心をもつのではないだろうか。中学生の私は、恐らくそのように考えていたのではないかと思う。

当時、家で飼っていたコロという名のイヌは私によくなつき、私はコロが心をもっていることを疑わなかった。しかし、同じ個体といっても、コロは多細胞生物で脳をもつが、大腸菌は単細胞生物である。心は脳の機能であり、少なくとも多細胞生物にならなければ生じないと思われるので、単細胞の大腸菌が心をもつのであれば、私の体を構成している六〇兆個の細胞の一つ一つはそれぞれ別の心をもつことになるはずだ。そんなことはありそうもないから、単細胞の個体と多細胞の個体は全く別の存在物だと考えたほうがよい。中学生の私は、個体というコトバに呪縛されていたのだろう。

人間もまた最初は単細胞の受精卵から発生する。大腸菌と同じように二つになり、四つになり、どんどん分裂していくが、大腸菌と違ってこれらの細胞はバラバラにならないで、ひとかたまりになって一つの個体を作っていく。稀に発生の初期に、これらの細胞群が二つに分かれてしまうと、それぞれは別の個体に発生していく。いわゆる一卵性双生児である。しかし、ヒトの体を構成する大部分の細胞は何回かの分裂の後で必ず死んでしまう。大腸菌の細胞系列は不死なのに、ヒトの体細胞の細胞系列は死すべき運命にあるのだ。

不死の細胞系列から死すべき細胞系列への変換が、生物の進化の歴史のどこかで起きたのである。個体としての私たちはよほどのヘソ曲がりでなければ、たいてい死ぬのはいやだろう。進化というのは必ずしも下等から高等へ、あるいは劣等から優等へと変化するわけではないのだけれども、多くの人は進化に向上の跡を見ようとするのもまた事実であろう。

この観点からすると、死すべきものから不死のものへ、あるいは短命なものから長命なものへと進化するならばともかく、不死なるものから死すべきものへ「進化」して、生物の個体は寿命をもつものになったという話に釈然としないものを感じるかもしれない。

がん細胞の不死性

しかし、進化は不適応の産物とは考えられないので、寿命をもつことで何か得をしたこともあるに違いない。そのあたりのこみ入った話は本編に譲るとして、ここでは、がん細胞の不死性について述べてみたい。

現代人にとって、がんは恐ろしい病気のトップであろう。がん細胞は何の治療もしなければ、無限に分裂を続け、やがて正常な細胞の機能を奪って、個体を死に至らしめる。なぜ、そうなるかというと、がん細胞の系列には寿命がないからである。

HeLa《ヒーラ》細胞と呼ばれるがんの培養細胞がある。ずっと昔に亡くなった女の人の子宮頸がんの細胞に由来するもので、世界中の研究所で、様々な実験に使われている。He・Laとは亡くなった女の人の氏名の頭文字だという。この細胞系列は条件が好適な限り、何回分裂しても死なない。大腸菌と同じである。だから実験に使えるのだ。がんで死にそうになったら、医者に頼んでがん細胞を培養してもらえば少なくとも細胞レベルでは不死になれる。逆に言えば、がん細胞の系列に寿命があれば、しばらく分裂するとがん細胞自体が死んでしまうので、個体ががんで死ぬことは稀になるに違いない。個体にとって細胞の不死性は必ずしもよいこととは限らないのだ。

バクテリアの細胞系列がどうして不死なのかというと、ＤＮＡの総量が小さいため、突然変異の蓄積速度を上回るスピードで分裂して増殖するからだ。たとえば、大腸菌のＤＮＡは四六〇万の塩基対からなるが、ヒトのＤＮＡは三〇億の塩基対からなる。長さにして六五〇倍以上もの違いがある。ＤＮＡ量がこれだけ増加したおかげで、ヒトは複雑な体を作れるようになり、その一部として大きな脳を手に入れたのだ。私たちが死にたくないなどと考えることができるようになったのは、ひとえに細胞系列が寿命をもつようになったおかげだと言えないこともない。死にたくないからと言って、進化の歴史を遡ってバクテリアに戻りたいと思う人はいないだろう。

そう考えれば、寿命をもつようになったことと、複雑な体をもつようになったことは相関していて、複雑な体を不老不死にしたいというのは、不可能な夢のように思えないこともない。しかし、いつの時代でも、人々は不可能な夢を追い求め、科学技術は時に、不可能と思われた夢を実現してきたのも事実である。

ヒトの寿命を延ばす夢

最近、遺伝子組み換え技術やクローン動物の作成技術が進展し、生命工学的にヒトの最大寿命を延ばすことが可能ではないかとの言説もちらほら見かけるようになってきた。不老不死は無理としても、生命工学的にヒトの寿命を延ばせる可能性はあるのだろうか。そのあたりの事情は本書の後半で論じてみたい。

ところで、仮に生命工学的にヒトの最大寿命を延ばせたり、老化を遅らせたり、あるいは生命工学的な若返りが可能になったとしたら、社会はどう変化するのだろうか。これには科学とは別の社会学的な考察が必要である。長寿それ自体は喜ばしいことであるが、必ずしもメリットばかりとは限らない。

たとえば、今の日本のように六十五歳以上の人は基本的に年金で生活するという社会では、仮に平均寿命が九十五歳になったとしたら、平均三十年もの間、年金をもらうことになるわけで、社会的な負担は大変大きなものになる。したがって、社会的な負担を減らすためには老人にも働いてもらう他はなくなる。そのためには、心身共にある程度健康なまま寿命が延びることが必要で、無闇に寿命だけを延ばしても困ることになろう。ボケた人を十年も二十年も長生きさせる医療は、ボケた本人はともかく、家族を含めた社会にとっては、むしろ有害であろう。

しかし、現行の老人医療を見る限り、クオリティー・オブ・ライフを保つ技術より延命技術のほうがより速く進みそうで、社会的な負担はますます増えそうな予感がする。本編でそのあたりのことも少し議論してみたい。

あまり暗い話ばかりでも読後感が悪いだろうから、最後にバラ色の未来（があるとしての話だが）についても少し論じてみたい。

生命工学の進展により、人々が健康なまま九十歳とか百歳まで生きられるようになるとして、社会システムはどう変化するのだろうか。多くの人が九十歳くらいまでは元気で働けるようになるのだから、年金の問題はなくなるとして、世代交代のサイクルが長くなるわけで、年功序列の社会だと、課長になるのに四十年、部長になるのに五十年もかかるということになりかねない。

あるいは、若くして権力を握った人が、半世紀以上にもわたって権力の座にしがみつくといったことも起きるかもしれない。もしかしたら、完全な実力本位制になって、歳をとったら降格するのは当たり前という社会になるかもしれない。

厳密に未来を予測することはもちろん不可能ではあるが、様々な可能性について思考実験をしてみたい。

なぜ生物に寿命はあるのか？　目次

第2章 生物にとって寿命とは何か

寿命をもつことの損得

●減数分裂とは何か

●無性生殖と有性生殖と寿命の関係

第3章 ヒトの寿命は何で決まるのか

第5章 長寿社会は善なのか

第1章

寿命の起源

生命のはじまりはどこにあるのか

生命の起源についての諸説

生物の二大特徴——代謝と遺伝

「万物は流転する」と言ったのは古代ギリシャの哲学者・ヘラクレイトスである。ヘラクレイトスの言う通り、この世界に永久不変のものがないのであれば、ある意味では万物には寿命があると言えないこともない。大統一理論という物理学の理論は、陽子の崩壊を予測する。まだ観察されたことはないけれども、本当に陽子が崩壊するのであれば、物質にも寿命があり、ヘラクレイトスの予言の通り、永久不滅のものはこの世界には存在しないということになる（もっとも陽子の寿命は10の33乗年以上〈一兆年の一兆倍のさらに一〇億倍〉という気が遠くなりそうな長さだけれどもね）。

地球上に生物が誕生してからまだ三十八億年しか経っていないわけで、生命の長さは物質の寿命に比べれば、タカが知れているには違いない。それでも三十八億年前に生まれた生物は細胞分裂を通じて、連綿として生をつないでいるわけで、生命自体の寿命は地球の寿命とさして違わないのかもしれない。

それに比べれば、個体の寿命は圧倒的に短い。生物は進化の過程で個体という機能体を作り、短い寿命と引き換えに、極めて複雑で高度なシステムを作りあげた。本章では、地球上に誕生した単細胞の生物が、寿命をもつに至るまでの歴史を振り返ってみよう。

生物は無生物には見られない二つの特徴をもっている。一つは代謝、もう一つは遺伝である。生物の体は統一性を保っていて、生きている限り短期間ではあまり変化しているようには見えないが、体を構成している物質は時々刻々と入れ替わっている。物質というレベルで見れば、一年前の私と今の私は、ほとんど別人と言ってもよい。人間の体を作っている組織の中で最も物質の入れ替わり速度が遅いのは骨であるが、それでも七年間で物質はほぼ全部入れ替わると言われているので、十年前の私と今の私は異なる人である。

そうは言っても、十年前の借金は私が借りたわけではないと言って返さないというわけにはいかないのは、何らかの自己同一性を保っているからであろう。これを「動的平衡」という。生体の動的平衡は代謝と呼ばれ、これを担ういちばん重要な物質はタンパク質である。生命の存在のためには様々な種類のタンパク質が必要なのだ。代謝システムが壊れれば、通常、生物は死ぬ。

生命にとってもう一つ重要なのは、動的平衡を保っているシステムとしての同一性を、細胞分裂を通じて次の世代に伝えることだ。これは遺伝である。遺伝を担う最重要の物質はＤＮＡと呼ばれる高分子である。現存する生物はすべて、代謝と遺伝という二大特徴を有している。

タンパク質とＤＮＡはどちらが先か？

生物が無生物から進化したのであるならば、タンパク質とＤＮＡが無生物的に作られる必要がある。しかし、代謝に必要なタンパク質は複雑な物質で、しかもたくさんの種類がある。現在の生物では、これらのタンパク質はDNAからはじまるプロセスにより作られている。すなわち、DNAはタンパク質を作る情報を担っている。ところが、DNAもまた複雑な物質で、DNAが複製されて、自身と同じものを作るためにはタンパク質が必要なのだ。タンパク質もDNAも、相手の存在なしに独立には作られていないとすると、生物誕生のためには、これらが同時に生じなければならない。

これは「ニワトリが先かタマゴが先か」という話と同じタイプの難問で、普通に考えれば、無生物から生物が生まれるのは不可能だ、という話になってしまう。それで、今でも地球上の生命体は宇宙から飛来してきたという説を真面目に唱えている人もいるくらいだ。しかし、考えてみれば、その生物は宇宙のどこでどのように作られたのだと問えば、話は元に戻ってしまって、生命誕生の謎は解決されないままだ。

「RNAワールド仮説」というのがある。RNAはDNAによく似た物質で、通常の細胞の中ではDNAのもっているタンパク質を作る情報を、タンパク質を作る工場であるリボソームに伝える機能をもつ。DNAと少し異なるのは、DNAはタンパク質の存在なしには自己複製ができないのに対して、あるタイプのRNAは自分だけで自己複製ができることだ。遺伝、すなわち自己複製を最も重要な生物の基本特性だと考えれば、現在の生物に広く見られる、DNA―タンパク質ワールドに先だってまず、RNAワールドがあった、と考えたくなる。

事実、RNAワールド仮説は少し前まで、生命の起源を研究する多くの学者に広く受け入れられていた学説であった。ところが、いちばんの問題は、RNAもまた複雑な物質で、無生物からどうやって作られるか、皆目わからないことである。ここが解決できないと、RNAワールド仮説も生命の起源を解決したことにはならないのである。

生命の起源についての有力な仮説

最近になって、池原健二（奈良女子大名誉教授）という方が、生命の起源の説明として、GADV仮説を唱えている。これはかなり有力な考えだと思われるので、簡単に紹介してみよう。

この考えは、生命の起源は、無機的にタンパク質ができることからはじまったというものだ。GADVとはグリシン（G）、アラニン（A）、アスパラギン酸（D）、バリン（V）の四つのアミノ酸の略号で、いずれもアミノ酸としては単純な物質である。

生物の体を作るタンパク質は、二〇種類のアミノ酸が様々な組み合わせでつながった物質である。ここに示した四種のアミノ酸は比較的簡単に無機的に作ることができる。昔の高校の「生物」の教科書にも載っていたのでご存知の読者も多いと思うが、「ミラーの実験」というのがある。太古の地球の大気を想定して作った、水蒸気、メタン、アンモニア、水素の混合気体に雷を模した放電をすると、グリシンやアラニンといったアミノ酸や核酸塩基（DNAやRNAの構成要素）が容易に得られる。

問題は、アミノ酸を長くつなげてタンパク質を作ることはなかなか困難であることだ。

ましてやDNAやRNAの一構成要素にすぎない核酸塩基が作られたところで、触媒（酵素）として働くタンパク質の関与なしに、DNAやRNAを作ることは極めて難しそうだ。しかし、DNAやRNAを作ることは難しくても、特殊な条件ではアミノ酸をつなげてタンパク質を作ることは可能なのである。

海の底には、ところどころに熱水噴出孔と呼ばれる、硫化水素やメタンや様々なミネラル分を含む熱水が噴出している場所がある。これらの成分で熱水が黒くなっていることが多いので、通称ブラック・スモーカーと呼ばれる。なかには熱水が白く濁っているものもあり、こちらはホワイト・スモーカーだ。

熱水噴出孔の周りには化学合成からはじまる特殊な生態系が作られていて、他の海底には見られない不思議な生物が生息している。たとえば、チューブワームという動物は、体内に化学合成細菌を棲まわせて、これにエネルギー（食物）を作らせて、自らは口をもたずエサを摂ることをしない。私たちのなじみの生態系は光合成からはじまるもので、地上や浅海の生物はすべて生きるエネルギーの源を太陽光から得ている。

GADVアミノ酸の構造とタンパク質の構造

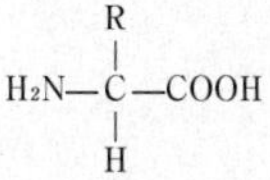

アミノ酸の一般式；

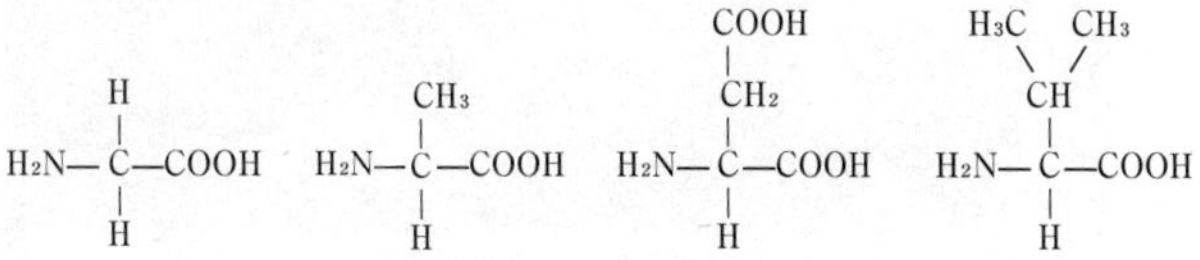

グリシン[G]；　アラニン[A]；　アスパラギン酸[D]；　バリン[V]

GADVアミノ酸

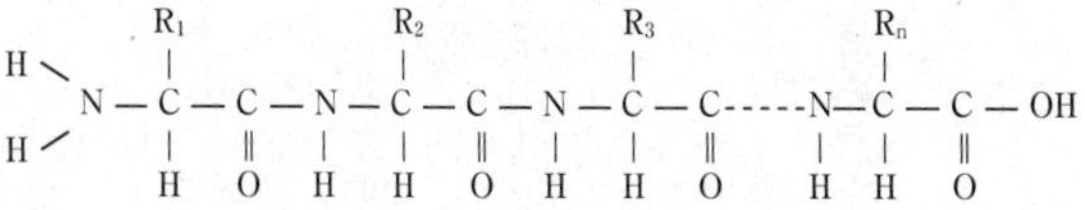

タンパク質（ポリペプチド）

深海の熱水噴出孔周辺に生息するチューブワーム。
©Jeffrey L. Rotman/CORBIS/amanaimages

深海の底には太陽光が届かないので、化学物質（たとえば硫化水素）を酸化させてエネルギーを取り出して生きている化学合成細菌が生態系の食物連鎖の根元に位置する。もちろん、化学合成細菌も好適な環境にありさえすれば、細胞分裂を続け、この細胞系列には寿命がない。今でこそ、熱水噴出孔の周りには、チューブワームをはじめ、シロウリガイや眼が退化したカニやエビなど多様な生物がいるが、四十億年前の海底には、熱水噴出孔はあったであろうが、生物はまだ誕生していなかったと思われる。しかし、実は熱水噴出孔の周りこそ、生物誕生の候補地として有力な場所なのだ。

熱水噴出孔の周りでタンパク質が合成されたという説

熱水噴出孔の周りでタンパク質が生物の関与なしに合成されたに違いないという仮説がある。松野孝一郎（長岡技術科学大学名誉教授）のグループは、〇℃の水と三〇〇℃の水がモザイク状に混ざり合う熱水噴出孔を模した水槽を作り、グリシン単独、あるいはグリシンとアラニンを同時にこの水槽に放り込み、簡単なタンパク質が作られることを実験的に示した。グリシンやアラニンというアミノ酸は先に示したように、生物の関与なしに比較的簡単に生成するが、アミノ酸をつなげて長い鎖（すなわちタンパク質）を作るのにはエネルギーが必要で、熱水噴出孔付近では容易に熱エネルギーが得られるので、タンパク質が合成されるのではなかろうかというわけだ。

ところが、同じ熱さの高温の中にずっと居続けると、アミノ酸の鎖は長くならないらしい。熱エネルギーが鎖を切るほうにも使われるためだ。そこで切れる前にいったん冷たい水に戻って構造を安定させ、再び熱水に入ることを繰り返すと、長い鎖になるものが出現するという理屈だ。

理屈ではそうなっても、科学では実際にその通りやってみせることが大事である。すなわち実証である。松野グループはアミノ酸がたくさんあれば、熱水噴出孔の周りでタンパク質が作られることを実際に示したわけだ。

タンパク質が作られただけでは、まだ生命誕生にはほど遠い。そこでGADV仮説の登場となる。この仮説によれば、グリシン、アラニン、アスパラギン酸、バリンの四種のアミノ酸がランダムに重合してGADVタンパク質が作られたというところから生命誕生の話がはじまる。この四つのアミノ酸は構造が単純で、太古の地球上で容易に合成されたと考えられる。

これらの四つのアミノ酸はそれぞれ異なった特性をもち、これらがランダムに組み合わさったタンパク質（GADVタンパク質）は比較的高い機能を有し、とりわけ重要なのは擬似複製の機能を有していたと考えられることだ。すなわちGADVタンパク質が触媒（酵素）となって自己と同じではないがよく似たタンパク質を作り、その中には様々な化学反応の酵素として働くものが出現したと考えられる。極めて原始的な代謝系ができたわけである。

生物は代謝と遺伝（複製）の二大性質をもつと先に述べたが、この説では、生命はまず物質代謝からはじまったと考えるのだ。

代謝システムと遺伝

DNA→タンパク質→代謝という順番について

現在の生物が、タンパク質の原料として使っている残りの一六種のアミノ酸は、多様なGADVタンパク質が酵素となって合成されたと思われる。また別のタイプのGADVタンパク質はRNAやDNAの原料であるヌクレオチドの合成を触媒し、太古の海にはヌクレオチドが蓄積されていったことだろう。やがて、グリシン、アラニン、アスパラギン酸、バリンの四種のアミノ酸と特定のヌクレオチドの鎖の間には対応関係が成立し、ここに原始的な遺伝暗号系が成立したに違いない。

生物の個体が寿命を獲得する前段階として、代謝するシステムをまず作り、そのシステムを複製して、寿命をもたない生命の連続系列を作る必要があるということなのだろう。タンパク質が代謝系を作り、代謝系が遺伝子（DNAやRNA）を作り、タンパク質と遺伝子が対応関係を作り、その後でこの関係は見かけ上逆転し、遺伝子がタンパク質を作る情報を次世代に伝える役割をもつようになり、今見られるような生物ができたと思われる。

初期の生物の進化のプロセスを解明するのが難しいのは、現在あるシステムからは進化の跡が消えてしまうからだ。現在の生物を見る限り、DNAが生命の設計図で、これがタンパク質を作り、タンパク質が酵素として働いて代謝を進行させて生命システムを動かしているという図式は大変わかりやすい。だからといって、システムが構築される時に、DNA→タンパク質→代謝という順序でシステムが進化したわけではない。そもそも先の図式は、生命システムを説明するための便宜上の記述法の一つにすぎないのであって、実際に生物の中で起きている現象は、どれが先でどれが後か、あるいはどれが根源的でどれが派生的かといった話ではないのだ。

たしかにタンパク質はDNAの情報を元に作られる。しかしDNAにスイッチが入るためにはタンパク質が必要で、このタンパク質は時間軸を少し遡ったDNAにより作られたものだ。多細胞の動物といえども、最初は単細胞の受精卵から発生をはじめるが、この時最初に働き出すDNAは卵の中のタンパク質によりスイッチを入れられるのだ。卵のタンパク質は親のDNAが作ったもので、親の卵の中のDNAが働きはじめるためには、やはりその中のタンパク質が必要で、このタンパク質は、親の親のDNAが作ったものだ。という具合にDNAとタンパク質の追いかけっこは、どんどん世代を遡ってついに始原の生物に達するわけで、そこまで遡れば、タンパク質のほうが先だったというのが、GADV仮説のミソなのだ。

システムというのはどんなものでも、進化の跡を現在にとどめているとは限らない。たとえば、会社は代表取締役がいて取締役会があり、その下に並の会社員が部長、課長、係長といったヒエラルキーをなして仕事をしているわけだが、創業時のあり方は様々で、取締役がまず存在し、その後で平社員が雇われたというわけではないだろう。ただ、今現在だけを見るなら、指揮命令系統は取締役会からはじまっているので、できあがった会社しか知らなければ、会社は取締役の存在からはじまったと思うかもしれない。

会社と違って生物のルーツを見たものは誰もいないので、現在の表面的なあり方だけを見て、英国の生物学者、リチャード・ドーキンスのように、「生物は遺伝子（DNA）の乗り物だ」などといったいい加減なことを言う人もいるわけだが、生命の実相は、もっと複雑でこみ入っているのだ。

生命とはマクロにみれば、代謝系を細胞分裂を通して次々につないでいくシステムである。これが遺伝である。システムは簡単には変化しないが、時に別のものに変わることがある。これは進化だ。このシステムはどんどん変化することはあっても崩壊するべく運命づけられてはいない。だから全体としてみれば、生命に寿命はない。

さて、代謝系と遺伝系が成立すれば生物として体《たい》をなすように感ぜられるが、まだ肝心なものが欠けている。細胞である。海の中で複雑な化学反応を行って代謝に近いことができるようになっても、化学反応をしている領域が周囲から隔離されていなければ、生物という実体を認識することはできない。細胞膜すなわち境界ができて代謝系を閉域に閉じ込めて、はじめて生物らしくなる。そこで細胞膜の起源は何かという問いに突き当たる。

GADV仮説によれば、これもまたGADVタンパク質だという。もっとも、現在の細胞膜はリン脂質でできている(四三頁下図参照)。GADV仮説では、リン脂質はGADVタンパク質により、かなり後になってから作られ、細胞膜に組み込まれていったとのことだ。

最初に発生した生物とは

ところで、最初に発生した生物らしきものは何か。現在見られる最も単純な生物らしきものはウイルスであるが、ウイルスは最初に出現した生命の原初形態ではないと思う(ウイルスはRNAウイルスとDNAウイルスに二分される。たとえば、インフルエンザウイルスはRNAウイルス、ヘルペスウイルスはDNAウイルスである)。

ウイルスは遺伝機能はもつが、それ自身では代謝機能をもたない半生命体である。別の言い方をすると、ウイルスが増殖するためには他の生物の細胞の中に入り込み、その細胞の代謝を利用する他はない。入り込める生物はウイルスの種類によって決まっており、この観点からは、ウイルスは細菌ウイルス、植物ウイルス、動物ウイルスに分類される。

たとえば、細菌の中に入り込むウイルスはバクテリオファージと呼ばれるが、このウイルスが植物や動物の細胞に入ることはなく、逆もまた真である。

ウイルスとホストの関係は割に厳密に決まっており、ニワトリやブタのインフルエンザウイルスがヒトに感染するようになるには、突然変異を起こして性質を変える必要がある。生物の体内に入っても、どの細胞にも入り込めるわけではなく、ウイルスの種類によって入り込める細胞のタイプは決まっている。たとえばHIV(エイズウイルス)はヘルパーT細胞やマクロファージ(両者とも免疫に関与する白血球の一種である)といった特定の細胞にしか入れないし、インフルエンザウイルスはもっぱら気道の上皮細胞で増殖する。

ウイルスは恐らく生物の細胞内のＤＮＡやＲＮＡが分離・独立して細胞外に出られるようになったものであろう。生命の起源が遺伝系、すなわち自己複製からはじまったと考えると、自己複製の機能しかもたないウイルスこそが生命の原始形態のように感じられても不思議はないが、生命が代謝系からはじまったのであるならば、ウイルスは進化の途中で生じたパラサイトであるとの考えのほうが真実に近いように思われる。

原核生物と真核生物

さて、それでは真正の原初の生命体は何なのか。それはもちろん、ＤＮＡを遺伝装置として使う原始細菌であることは間違いない。

私が学生だった一九七〇年代の半ばまでは、生物は原核生物と真核生物に二分できると信じられていた。原核生物、すなわち細菌は核（中にＤＮＡを含む膜に囲まれた構造）をもたず、細胞の中にＤＮＡの分子が直接入っており、細胞質の

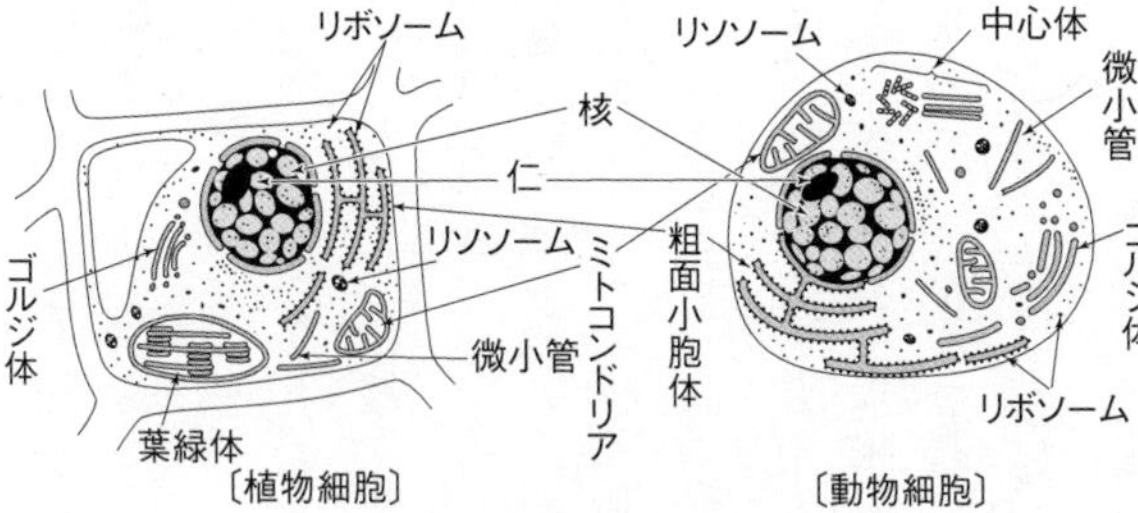

細胞の仕組み（真核細胞）

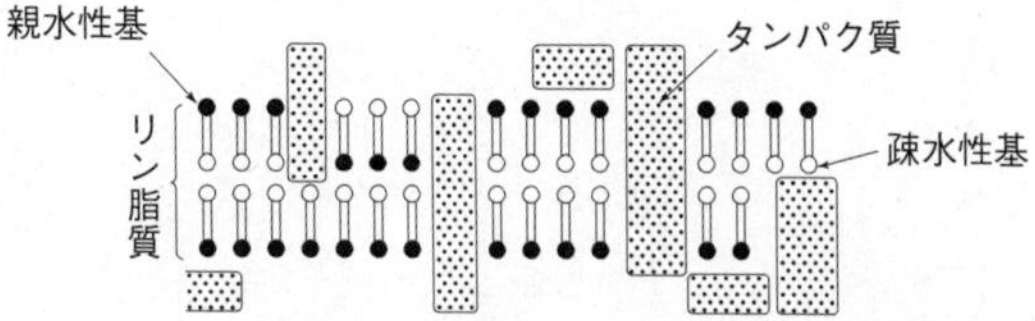

細胞膜の流動モザイクモデル

池田清彦・池田正子『ナースの生物学』（パワー社）より

中にははっきりした構造物が見られず、リボソームという粒子（これはタンパク質を合成する工場である）がたくさん見られる。

それに対して、真核生物は、細胞の中に核をはじめとする膜に囲まれた様々な構造物（細胞内小器官）をもち、リボソームは主として粗面小胞体という膜に付着して存在している。原核生物は互いにある程度近縁で、真核生物ははるかに離れた存在であると考えられていた。

この常識を引っくり返したのはカール・ウースというアメリカの学者である。ウースは大学院時代にリボソームの研究に打ち込んでいた。リボソームはRNAとタンパク質でできている。特定の部位のRNAの塩基配列をたくさんの生物間で比較することにより、それらの間の系統関係を明らかにできる。というのは、RNAの分子構成は長い進化の間に変化し、遠縁であればあるほど、その違いは大きいと予想できるからである。

ウースは動物、植物、菌類（カビ、キノコ）、原生生物（ミドリムシやゾウリムシなど）、そして様々な細菌類のリボソームRNAを分析して、系統樹を作ってみた。もし、原核生物どうしが比較的近縁で、真核生物が遠く離れた存在であるならば、二つの大きな枝をもつ系統樹が得られるはずだ。

しかし、得られた結果は予想を裏切るものだった。枝は大きく三つに分かれていたのだった。一つは、真核生物。まあこれは順当だ。他の二つはどちらも原核生物に属する細菌類だったのだ。

ウースはこの三つの大枝をドメインと名づけた。一九七七年のことだ。原核生物の一つの大枝は、大腸菌やシアノバクテリアを含むいわゆる普通の細菌（真正細菌）、そしてもう一つは、メタン生成菌をはじめとする特殊な細菌群であった。現在、これは古細菌と呼ばれており、不思議なことに、古細菌は系統的には真正細菌よりも真核生物に近かったのだ。

もう一つ興味深いことは、系統樹の根元に近いところに位置する細菌たち（古細菌の大半と一部の真正細菌）は八〇℃以上の高温の環境に棲んでいる超好熱菌であったことだ。ウースの作った系統樹の根元にある細菌があらゆる生物の祖先に位置しているのであれば、最初の細菌は超好熱菌である可能性が高い。先に述べ

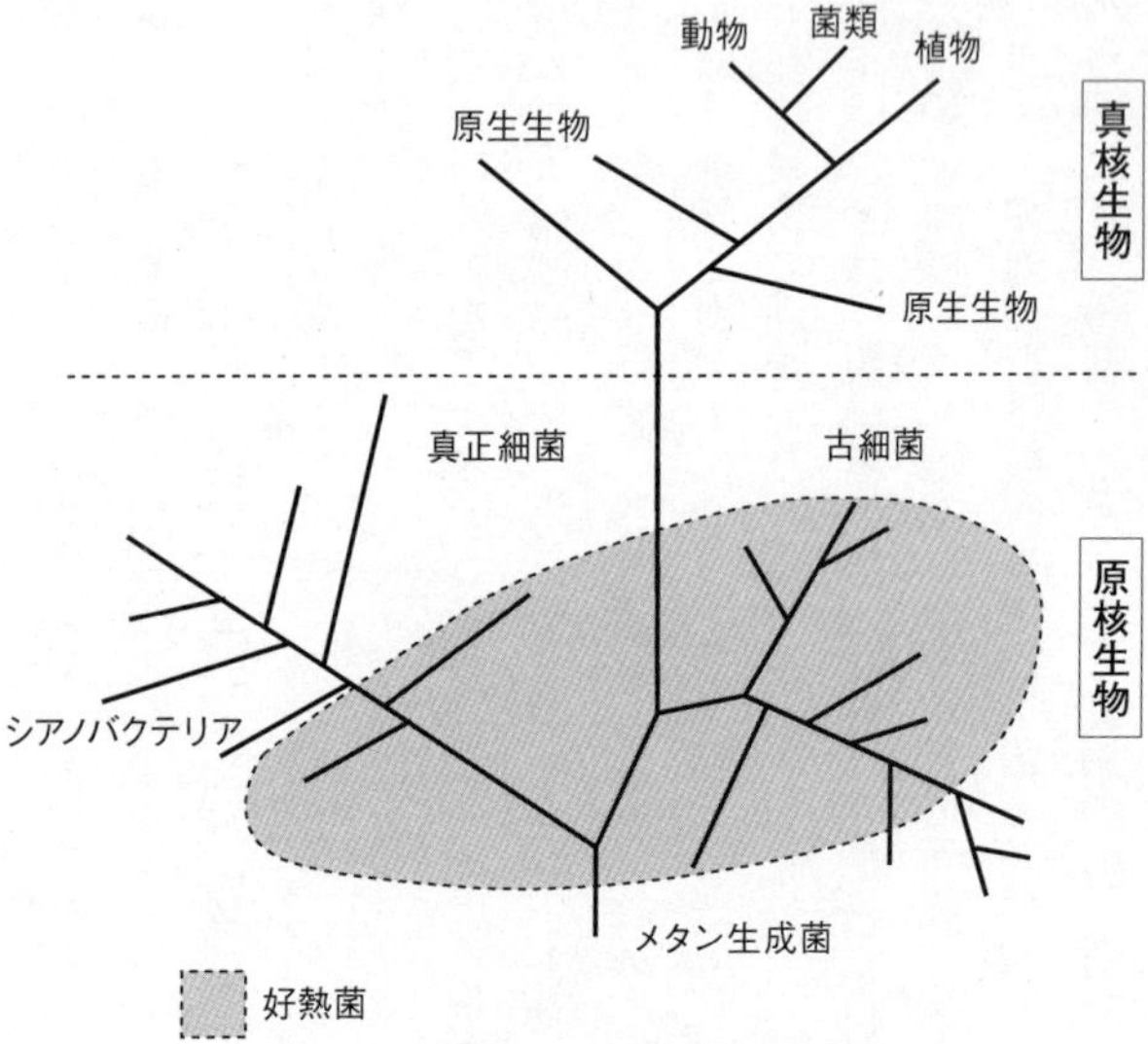

3つのドメインを表わす生物の系統樹。
その基部は大部分が好熱菌である。

た熱水噴出孔の周りには、現在も超好熱菌がたくさん見られる。というわけで、最初の細菌も、太古の海の熱水噴出孔で生まれたに違いないと、私も含めた多くの生物学者は思っている。

代謝システムと動的平衡

さて、細菌の細胞の中では代謝が行われ、この代謝システムは細胞分裂を通じて次世代の細胞に遺伝される。栄養的には細菌は二つのグループに大別される。一つは自分の食物を自分で作ることができる独立栄養生物、もう一つは、もっぱら他の生物が作った有機物を利用することで生きている従属栄養生物である。

真核生物について言えば、光のエネルギーを使って有機物を作っている植物は前者で、菌類や動物は後者である。細菌の中では、光合成の能力があるシアノバクテリアや化学合成能力をもつイオウ酸化バクテリア（共に真正細菌）、古細菌で化学合成能力をもつメタン生成バクテリアは独立栄養生物で、大腸菌やコレラ菌（共に真正細菌）は従属栄養生物である。

最初の細菌が独立栄養生物であったか、それとも太古の海の中で、生物の関与なしに作られた有機物を利用した従属栄養生物だったかは定かでない。私自身は、最初の細菌は古細菌と真正細菌に分岐する前の化学合成能力をもつ超好熱菌であった可能性がいちばん高いと考えている。いずれにせよ、代謝システムの同一性が遺伝される能力を獲得した時、生物が誕生したことは間違いない。

代謝システムの同一性を保持するためには何が重要かを考えてみる。これは、生物という複雑なシステムが、なぜ寿命をもたざるを得なくなったかを考える上でも大切だと思う。

代謝とは外部から物質を取り入れて、ある一定のプロセスにしたがって分解したり合成したりすることだ。ここで重要なのは、このプロセスはサイクルを形成していて、サイクルだけを見る限り、ほとんど不変のように見えることだ。サイクルの一部を見れば、鴨長明の『方丈記』の記述のごとく、「ゆく河の流れは絶えずして、しかも、もとの水にあらず……」ということになる。

具体的にはどういうことが起きているかというと、サイクルに入ったXという分子はまずAという分子になり、次にB→C→D→E、となって、このEにXがくっついて再びAになるわけだ。このサイクルが回る間に物質が出たり入ったりして、エネルギーを取り出したり、必要な化合物を合成したりするわけである。システムに入ったXはEと化合してAになり、次いですぐにBになるのだが、AがBになった途端に、新たなXがEと結合してAになって、このプロセスに入ってくる。それぞれの分子を個物として区別しなければ、サイクルは同一性を保って固定されているように見える。しかし、実はこの同一性を支えているのは個々の分子が次々と別の分子に変化していく動的な流れである。「動的平衡」と言われるゆえんだ。

別の言い方をすれば、生体というシステムに入った途端に、Xという分子は別のものになるべく運命づけられてしまうわけだ。個々の分子は不変のまま留まることは許されない。個々の分子が同じ化合物として同一性を保てる期間を「寿命」と呼べるならば、生体システム内の分子は必ず寿命をもち、しかもその寿命は極めて短い。動的平衡を保つためにはシステム内の分子が寿命をもつことが必須の条件なのだ。個々の分子が定まった寿命以上に長生きするとサイクルはストップして、生物は死んでしまう。

ここにあるのは、細胞の不死性を支えるために分子は寿命をもたなければならないという構図である。この構図を敷衍《ふえん》化して、細胞を種に置き換え、分子を個体に置き換えれば、種の不変性を支えるためには個体は寿命をもたねばならない、となるわけだが、そんな全体主義的な単純な話でいいのだろうか。このあたりの議論は第2章、第3章で展開したい。

生物はいかに進化していったのか

古細菌と真正細菌

さて、最初のたった一つの細菌（細胞）からすべての生物が派生したのか、それとも複数の細菌が独立に出現したのかは議論の分かれるところである。ある特殊な条件下で、代謝系↓遺伝系↓細胞システムという形で進化が起こり、原初の細菌が出現したのであれば、原初細菌の出現は条件さえ整えばあとは確率の問題であろうから、たった一つの細菌が偶然現われて、そこからすべての生物が派生したと考える必要はない。複数の同じようなタイプの細菌が独立に出現したと考えていけない理由はないと思う。

たった一つの細菌からはじまったにせよ、それとも複数の細菌からはじまったにせよ、細菌は分裂してどんどん増えるわけだから、しばらくすると、生物の体を作るアミノ酸や核酸（DNA、RNA）は遊離するや否やすぐに生物に取り込まれてしまい、それらを利用して新しい生物が自然発生する余地は、どんどん少なくなってしまうと考えられる。

仮に現在の地球上からすべての生物が死滅してしまえば、地球上には生物の体を作る材料が満ちあふれ、しばらくすれば新しい生物が自然発生してくることだろう。もちろん、現在だって、完全無生物状態を作って、アミノ酸や核酸を放り込んで、長期間放置しておけば、あるいは生物が自然発生するかもしれないが、そんな実験をして短い一生を棒に振る学者はいないだろうし、仮に、細菌が自然発生したとしても、外部から細菌が侵入したのかもしれない、との疑惑を晴らすことは不可能だろう。

生物の自然発生を実験的に否定したのは、十九世紀の半ば、パスツールが白鳥の首の形をしたフラスコを使って行ったということになっているが、本当のことを言えば、あることは実証できてもないことは実証できないので、どんな場合にも生物の自然発生が起きないことを厳密に実証することは不可能だ。

ともあれ、パスツールの実験は自然発生の確率は極めて低いことを示したことは確かで、これにより、生物の恒常的な自然発生を前提とするラマルクの進化論（ラマルクは太古に自然発生した生物が、どんどん進化して最も高等な生物、すなわちヒトになり、最近自然発生した生物はほんの少ししか進化していないのでまだ下等な生物なのだとの進化論を唱えた）はとどめを刺され、ダーウィンの自然選択説が登場することとなる。

細菌はどのように進化するのか

有名なダーウィンの『種の起源』には、図が一つだけ載っている。それは生物が種分岐をして全体として多様化していくことを示したものだ。たしかに多細胞の植物や動物では、二つの種が交雑して新しい種ができることは稀である。しかし、生命進化の初期においては、交雑は稀とは言えない進化プロセスの一つであったようだ。

先にリボソームRNAで生物の系統関係を推定する話をした。細菌は当然別にDNAももつので、それらの特定のDNAの部位を使って、同じように系統関係を推定してみたらどうなるのだろう。リボソームRNAによる系統樹と大体同じようなものが得られるのであれば問題はないのだが、実際にやってみるとかなり異なる系統樹になるのだ。どうやら初期の細菌の間では、古細菌どうし、真正細菌どうし、あるいは古細菌と真正細菌の間で、かなり頻繁に遺伝子のやりとりをしていたようなのだ。初期の細菌類の進化は、ダーウィンが考えたような種の分岐だけではなく、種の交雑によっても起こったことは確かなようだ。

細菌のDNAの突然変異率は多細胞生物に比べれば高いけれども、偶然の突然変異に頼っているよりも、細菌どうしで遺伝子を交換してしまったほうが、多種多様な細菌を創り出すにははるかに都合がよいことは確かである。

なかには遺伝子を交換した結果、代謝システムがうまく働かなくなって死んでしまった細菌もたくさんいたと思われる。むしろ、こちらのほうが多くて、ごく幸運なものだけが遺伝子どうしがうまく適合して生き延びたかもしれない。この場合、細菌が死んだのは、寿命のためではない。人間で言うなら毒にあたって死んだようなものだ。私が考える寿命とはあくまでも、あらかじめ予定された死である。原核生物は細胞分裂だけで増殖して、種の生存をつなげていくわけだから、細胞自体の中に寿命を組み込むわけにはいかない。そんなことをしたら細菌は予定調和的に絶滅してしまう。

シアノバクテリアという細菌の出現

もちろん、たくさんの種類の細菌たちは、互いに資源をめぐって競争したり、食う食われるの関係にあったりするので、自然選択の結果、繁栄するものもあれば、絶滅するものもあったろう。生命が発生したのは三十八億年前、それからしばらく経って（と言っても十億年ほど後のことだが）、シアノバクテリアという光合成の能力を有する細菌が出現する。

シアノバクテリアの起源は定かではない。光合成そのものの起源に関しては、熱水噴出孔から放射される赤外線を探知するための装置が後に光合成のために使われたとの説もあるようだが、はっきりしたことはわからない。確かなことは、地球の磁場が急に強くなって、宇宙線をブロックできるようになった二十八億年前頃から、シアノバクテリアが浅海で大繁栄をとげたことだ。

ＤＮＡは宇宙線によって簡単に壊されてしまうので、宇宙線が強い間は生物が地球の表面に進出してくるのは容易ではない。しかし、宇宙線が弱まれば、地球の表面には太陽光があふれているので、光をエネルギー源として利用できる生物にとって、これほどすばらしい場所はない。かくして、シアノバクテリアは大増殖をはじめることになる。

光をエネルギー源として、水と二酸化炭素から有機物（糖類）を作り、副産物として酸素を放出する。これがシアノバクテリアの光合成である。植物の光合成と同じタイプのやり方だ。シアノバクテリア以外の光合成細菌は、材料として水を使わないので、酸素を発生させない。シアノバクテリアの大増殖の結果、海中には酸素が溶け込み、やがてそれは大気中に放出されてくる。

原始大気の大半は水蒸気と二酸化炭素で、酸素はほとんどなかったと思われる。シアノバクテリアのおかげで、地球の大気には大量の酸素が含まれるようになり、ひいては人類の生存が可能になったわけだから、私たちはシアノバクテリアに感謝しなければならない。しかし、実は細胞にとって酸素は猛毒なので、当時の細菌の多くはシアノバクテリアに殺されたと考えられる。現在でも、酸素に弱い細菌（嫌気性細菌）が生存しているが、それらは土中などの酸素がほとんど存在しない環境で生き延びている。

シアノバクテリア自身を含め、当時の生物にとって猛毒の酸素をどう処理するかは大問題であった。現在の真核生物はペルオキシソームという細胞内小器官をもち、活性酸素を無毒化しているが、初期の細菌類も細胞内に活性酸素を除去する代謝経路を作って、対抗したと思われる。そのうちに、酸素を積極的に利用する細菌が現われた。

動物などの真核生物の従属栄養生物は、すべて酸素を使って有機物を分解してエネルギーを得ている。これを行っているのはミトコンドリアという細胞内小器官である。初期の細菌類の中にもミトコンドリアと同じように酸素を利用する従属栄養によって生きているものがいたと思われる。そのうちのあるものが、ミトコンドリアに進化したらしいのだ。

ダーウィニズムの呪縛を超えた共生説

ミトコンドリアは細胞内の小器官であり、細菌は小さいといえども独立した生物である。独立した生物がなぜ細胞内小器官に進化するのか。この話を理解するためには、真核生物の起源について話さなければならない。生物は真核生物になってはじめて寿命をもつようになったわけだから、これは寿命の起源とも大いに関係しているはずだ。

真核生物は大きな細菌の中に小さな細菌が共生して生じたものだ、との説を共生説という。共生説を唱えた人は実は百年も前から何人かいて、有名なのはロシアのメレシュコフスキーだ。彼はシアノバクテリアが葉緑体の起源だとの斬新な考えを一九〇五年に唱えた。彼の考えは一時、論争を巻き起こしたが、結局は生物学史のゴミ箱行きとなった。ダーウィンの考えによれば、生物は種分岐を繰り

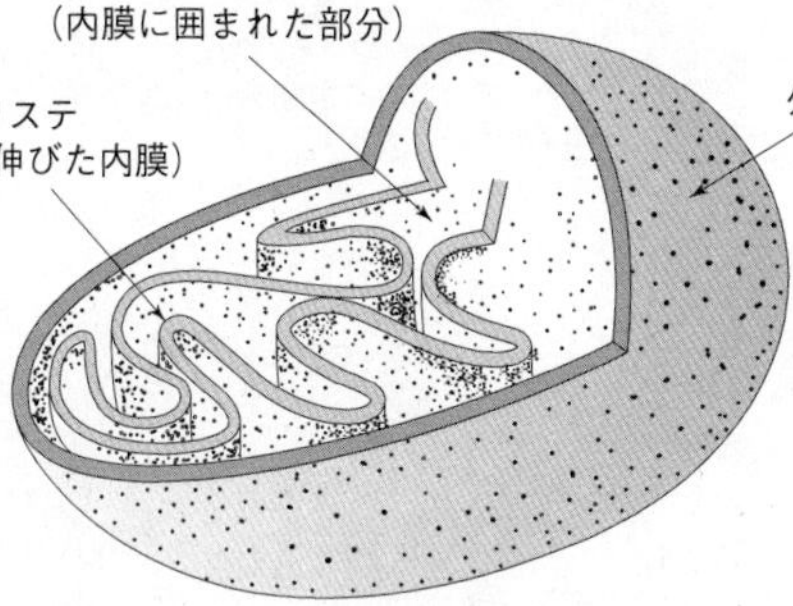

ミトコンドリア

返しながら漸進的に進化し、交叉により突如大変身をとげることはあり得ないからだった。

多くの生物学者はダーウィニズムの呪縛にとらわれており、真核生物は原核生物が徐々に進化した果てに長い時間をかけて出現したものだ、との内生説を捨てられなかったのだ。共生説をよみがえらせたのは、アメリカの女性生物学者、リン・マーギュリスである。彼女は葉緑体ばかりでなくミトコンドリアも細菌由来であり、真核生物は原核生物どうしの共生により進化した、と強い確信をもって主張した。もちろん、学界の主流は彼女の考えを無視した。

彼女が共生説を提唱しはじめた一九六〇年代はネオ・ダーウィニズムの全盛時であった。すべての進化は遺伝子（DNA）の突然変異と自然選択により説明できる、との単純な理論が猛威をふるっていた。共生説はいくつかの異なる生物が合体することにより新しい生物が出現するとの考えだから、ネオ・ダーウィニズムに真っ向から対立する。共生説を唱えた彼女の最初の論文は、なんと一五回もの掲載拒否の憂き目に遭い、一九六七年にやっとのことで「理論生物学雑誌」に発表された。

彼女にとって幸運だったのは、メレシュコフスキーの時代に比べ、生物学を研究するための道具が格段に進歩していることであった。シアノバクテリアの光合成の分子プロセスは、先に述べたように、植物の葉緑体で行っているものによく似ている。決定的だったのは、葉緑体は独自のDNAをもち、このDNAの配列はシアノバクテリアから派生したことを示唆していたことだ。

後に共生説がほぼ認められ、有名になったマーギュリスは、積年の恨みを晴らすべくネオ・ダーウィニズムの悪口を言いまくったらしい。一九九六年にボスト

細胞内共生説を取り入れた原核生物から
真核生物への進化プロセスの一仮説

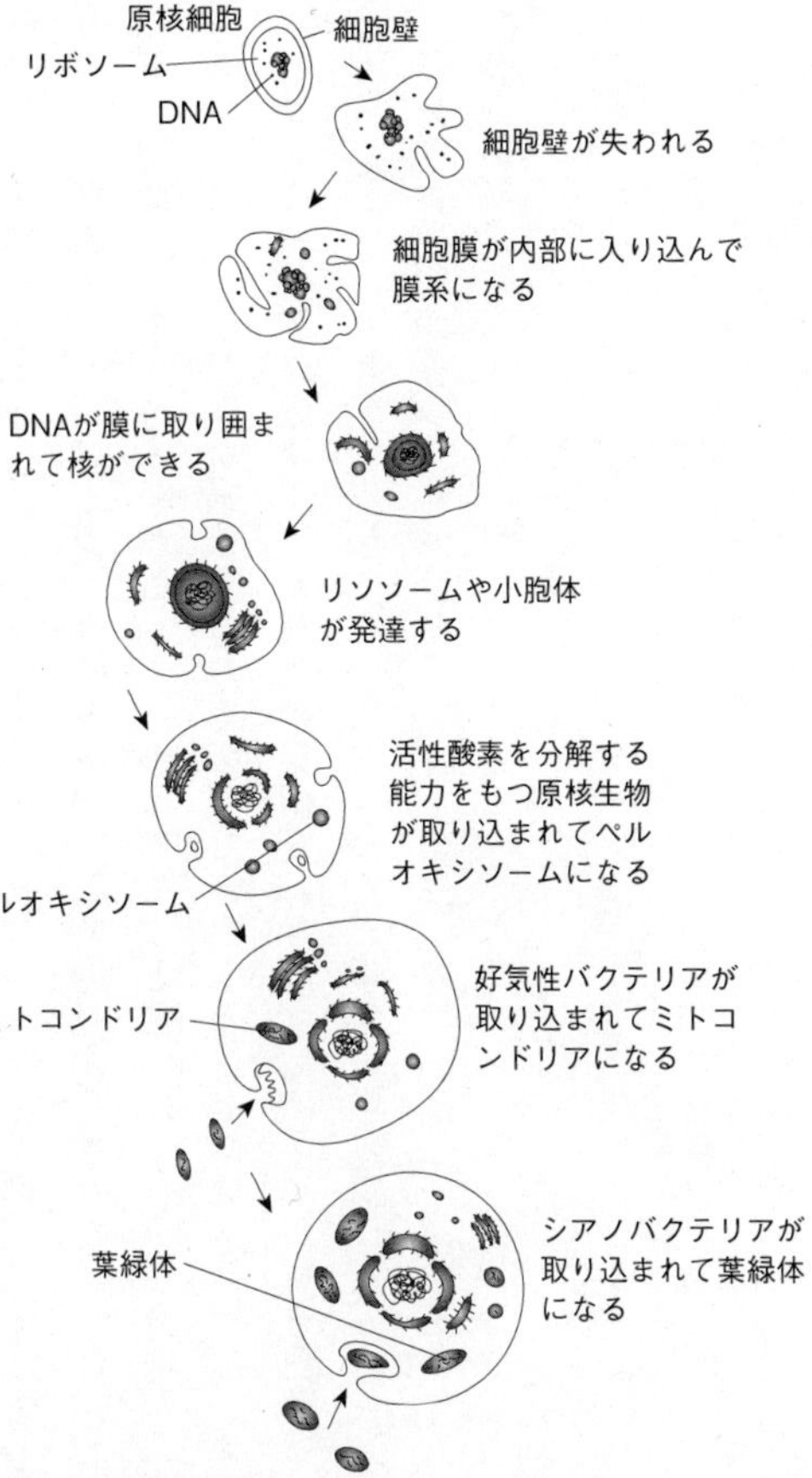
原核細胞
細胞壁
リボソーム
DNA
細胞壁が失われる
細胞膜が内部に入り込んで
膜系になる
DNAが膜に取り囲ま
れて核ができる
リソソームや小胞体
が発達する
活性酸素を分解する
能力をもつ原核生物
が取り込まれてペル
オキシソームになる
ペルオキシソーム
好気性バクテリアが
取り込まれてミトコ
ンドリアになる
ミトコンドリア
シアノバクテリアが
取り込まれて葉緑体
になる
葉緑体

ンで開かれたシンポジウムで、ネオ・ダーウィニズムの大立者で鳥類学者のエルンスト・マイアや哲学者のダニエル・デネットらを前に、「ネオ・ダーウィニズムは、理知的に考えるなら、アングロサクソンの宗教的偏見から生じた二十世紀生物学の弱小学派として忘れ去られるべきものである」と言ったらしい。会場からの反論は全くなく、ただ嵐が過ぎ去るのを待っていたとのことだ。

マーギュリスの共生説は超ノーベル賞級の業績だが、彼女はノーベル賞を受賞することなく二〇一一年に七十三歳でこの世を去った。晩年、陰謀説(九・一一のテロにアメリカ政府が多少とも関与していたとの主張)に加担していたせいではないかと、私は思う。

寿命はなぜあるのか

原核細胞から真核細胞への進化

真核細胞の元になった大きな細胞は、恐らく古細菌から進化したものであったろう。前述したように細菌にも真核細胞にもリボソームが含まれるが、リボソームRNAの塩基配列は古細菌と真核細胞の類縁性を示唆しているからだ。共生のプロセスには諸説があって、マーギュリス自身は、ミトコンドリアや葉緑体以外の様々な細胞内小器官も共生の産物だと主張しているが、これに関しては反論も多い。

真核細胞の特徴は、ミトコンドリアや葉緑体以外にも、核膜や小胞体の膜に代表される細胞内の複雑な膜系や、細胞の形を保ったり細胞内での分子の輸送を司る何種もの細胞骨格にある。これらがすべて共生で生じたわけではないと思うが、そもそも、原核生物は通常硬いカプセルで被われていて、他の原核生物が中に入ってくることはできない。

共生のホストとなる細胞は硬いカプセルが取れて、他の原核生物を取り込むことが可能でなければならない。と同時に細胞自体の大きさもそれ相応に大きくなければならないだろう。恐らく、先祖の古細菌のサイズが大きくなり、DNAの量もケタ違いに増加して、細胞骨格などを作れるようになった後で、共生が生じたのだろう。ということは、共生のホストとなった大きな細胞は、原核細胞というよりもむしろすでに真核細胞に近いものに進化した後だった可能性が高いのかもしれない。いずれにせよ、原核生物に比べて細胞が極めて複雑になったことは確かである。

たとえば、DNAの長さは原核細胞（細菌）では数十万塩基対から数百万塩基対、遺伝子数にして千から四千であるのに対し、真核生物では十億塩基対以上（ヒトでは三十億塩基対）、遺伝子数は数万（ヒトでは二万二千）である。真核細胞の平均的な大きさは、原核細胞に比べ体積にして約千倍もある。

システムが複雑になると新システムの開発は困難になる

複雑になれば、原核生物には不可能であった様々な可能性が開けると同時に、システムを維持することもまた大変になってくる。初期の真核生物は原核生物と同様に細胞分裂により増殖するわけだから、一見寿命はないように思える。

先に述べたように、生物は代謝により生を維持している。何度も繰り返して言うが、代謝というのは分子が変化しながらシステムの状態がどんどん変わり、そして再び元に戻ってくることだ。分裂した細胞は次の分裂まで内部状態がどんどん変化するが、分裂した直後では初期状態に戻っている。

細胞の不死性にとって重要なのは初期状態に戻ることだ。厳密に初期状態に戻ることが保証されさえすれば、事故が起きない限り、細胞内の代謝システムは同じところを永遠にぐるぐると回り続ける。すなわち不死性が保たれる。逆に元に戻ることができないとどうなるのか。これは細胞の代謝システムが未知の状況に遭遇したことを意味する。

未来が首尾よくいって、死なないでいることができるという保証はない。システムの諸要素がたくさんあり、システムが複雑であればあるほど、未知の状態に陥ったシステムは、分子どうしの関係が不調和を起こし死に至る危険は大きい。

そもそも生きているとは代謝サイクルを前提としているわけだから、サイクルが回らなくなれば死は免れないのだ。もちろん、ごく稀に、新しい状態から新しいサイクルを構築するものが現われることもあるだろう。単純に言えば、これが進化ということだ。しかし、ごく常識的に考えてみても、システムが複雑になればなるほど、未知の状態から新たな代謝サイクルを構築するのは困難であるはずだ。生物が進化して複雑になればなるほど、全く異なる新しい生物が出現できなくなる理由は恐らくここにある。

不死性と寿命の背反する性質をもつようになった真核生物

さて、DNAの量が飛躍的に増え、様々な細胞内小器官を備えた真核細胞は、

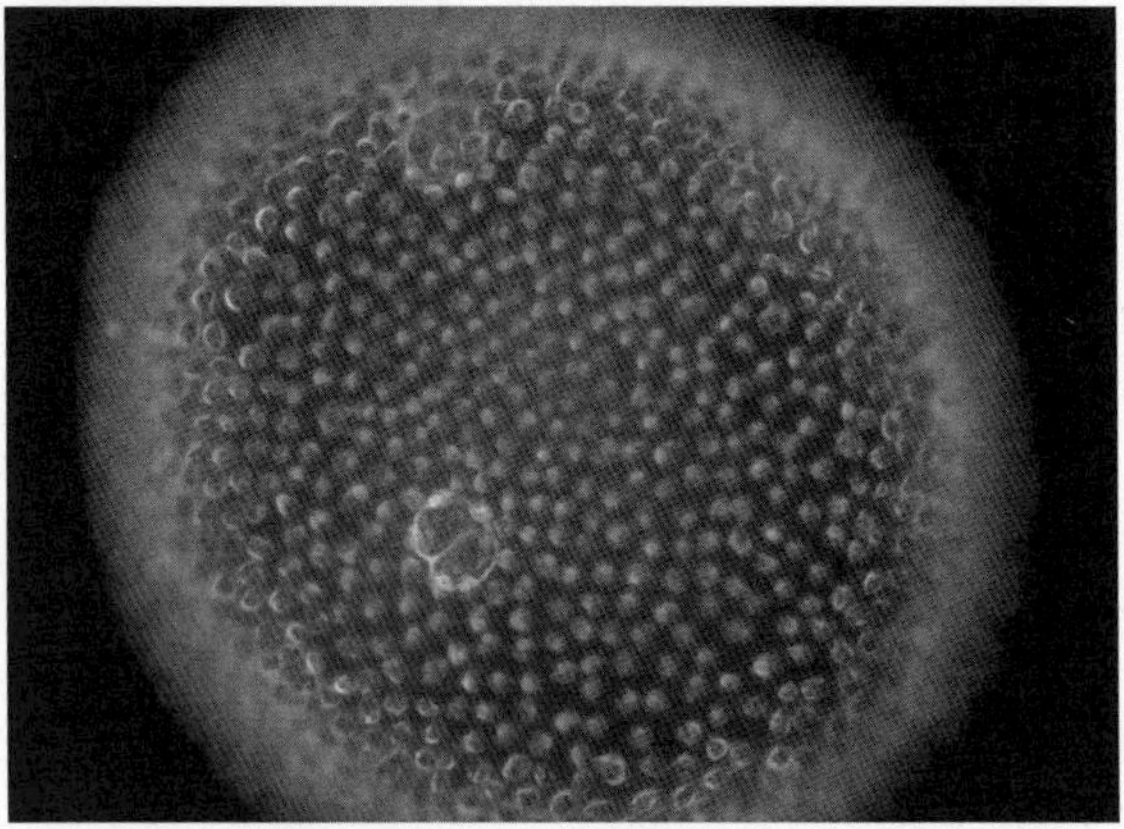

ボルボックス。細胞は葉緑体をもち緑色に見える。
©Visuals Unlimited/CORBIS/amanaimages

一面では、分裂して元に戻る以外の様々な可能性をもつようになったこともまた事実であろう。一方で、元に戻る細胞、すなわち不死の細胞を担保しながら、もう一方で、元に戻らなくてもよいから新しく高度な機能をもつ細胞を作れないだろうか。真核生物は進化の過程でこの可能性を探ったのだと思われる。

寿命をもつ最も原始的な細胞は、現在の真核生物では、ボルボックスなどの群体をなす単細胞のうち、分裂をしない細胞であろう。群体を作るボルボックスなどの植物性鞭毛《べんもう》虫類では同じように見える細胞の一部しか分裂して子孫を残せず、他の細胞は分裂をせずしばらく経つと死んでしまう。

この寿命をもつ非分裂性の細胞たちは、栄養的にあるいは外敵の防御といった何らかの機能により分裂性の細胞の生き残り確率を高めていると考えられる。分裂性の細胞がなるべくたくさん子孫を残せる手助けをして、自身は適当なところで死ぬ。

別の言い方をすれば、分裂細胞と非分裂細胞は、遺伝子の発現パターンは少し異なるだろうが、遺伝子組成は同じクローンであり、非分裂細胞から見れば、自分が分裂するよりも、分裂しないで死んだほうが、クローン全体の生き残り確率は高くなるという理屈なのだろう。

ここに寿命は起源した。重要なのは、細胞が充分複雑になって、同じゲノム組成でありながら、片や分裂性の細胞、片や非分裂性の細胞といった、異なる二つのことができるようになったことである。寿命が起源するためには、真核細胞という原核細胞に比べ格段に複雑な細胞が出現して細胞の役割分担ができる必要があったのである。

もう一つ重要なのは、システムが複雑になれば、それを元に戻して分裂性の細胞の不死性を維持し続けることもまた大変になってくるだろうと思われることだ。原核細胞では分裂細胞の不死性は、分裂速度が損傷速度より速いという確率の問題であったが、真核生物はそれに代わる何か特別なやり方を発明したのだろうか。それについては次章で議論したい。

ともあれ、真核生物は不死性と寿命という背反する性質を併せもつようになった。真核生物の出現に協力して、葉緑体やミトコンドリアの起源になった細菌たちの親類は、現在もシアノバクテリアとして、あるいは好気性の細菌類として、この地球上でそれらの不死性をつないでいる。

第2章 生物にとって寿命とは何か

寿命をもつことの損得

ゾウリムシに寿命はあるのか

ゾウリムシの接合

前章で述べたように、寿命は原始的な真核単細胞生物に見られる非分裂性の細胞からはじまったようだ。次に出現したのは分裂はできるが無限にはできない、すなわち分裂回数があらかじめ決定されているタイプの細胞であろう。

ゾウリムシもまた、単細胞の真核生物であり、二十世紀の半ばまでは、寿命をもたないと考えられていた。よく知られているように、ゾウリムシは時々接合という有性生殖を行う。ゾウリムシには大核と小核という二つの核があり、接合の前に大核は崩壊して小核だけになる。その後、二つのゾウリムシは合体するが、それぞれの個体の小核は減数分裂を行って四個に分かれ、そのうちの三個は消失

ゾウリムシの有性生殖(接合)と無性生殖(分裂)

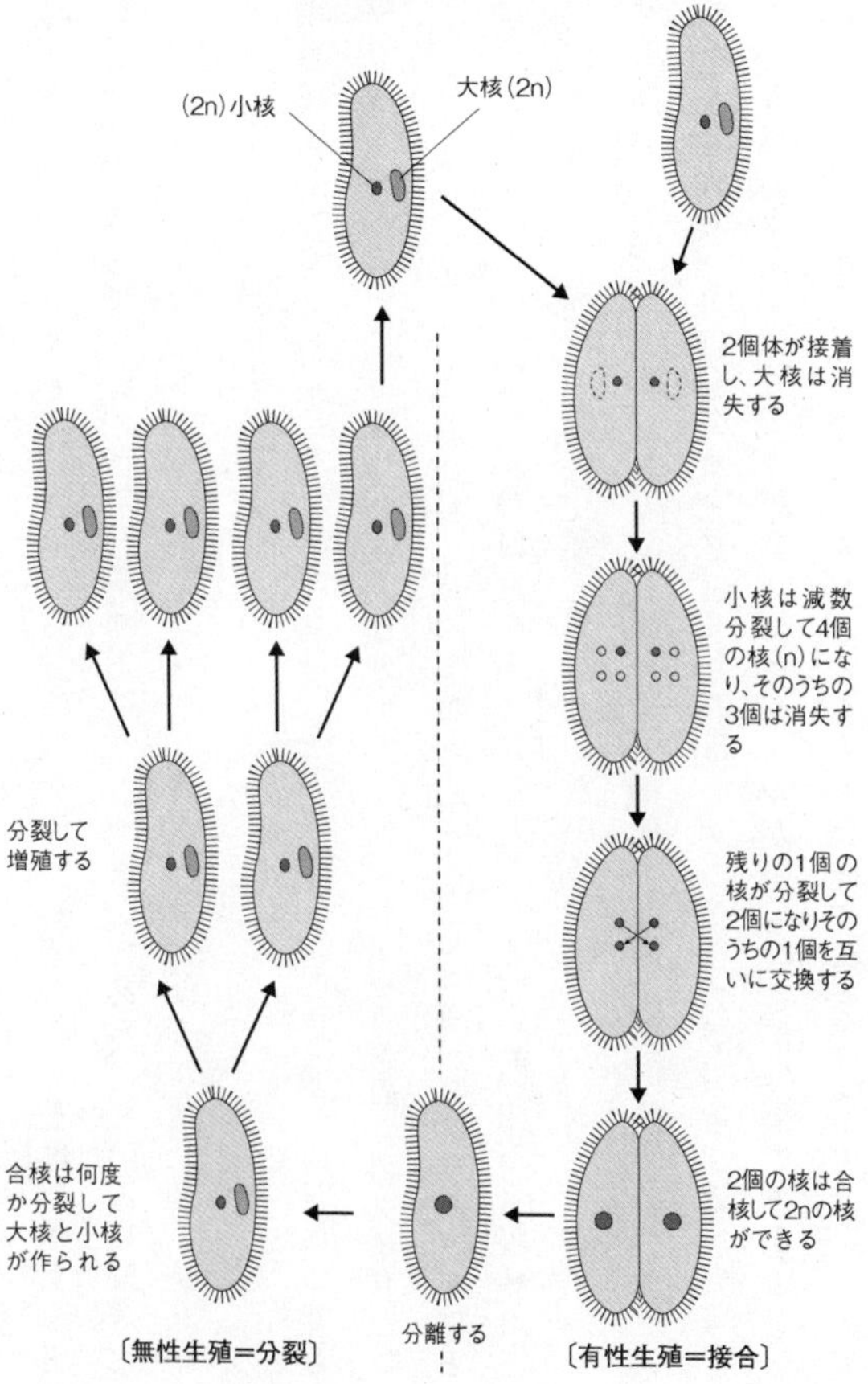
(2n)小核
大核(2n)
2個体が接着し、大核は消失する
小核は減数分裂して4個の核(n)になり、そのうちの3個は消失する
残りの1個の核が分裂して2個になりそのうちの1個を互いに交換する
2個の核は合核して2nの核ができる
分離する
合核は何度か分裂して大核と小核が作られる
分裂して増殖する
〔無性生殖=分裂〕
〔有性生殖=接合〕

して残りの一個がさらに二つに分裂する。

合体した二つのゾウリムシの各々は一個の核を自分の体内にとどめ、もう一個の核を互いに交換して、その後に分離する。これが接合である。互いにDNAを半分ずつ交換して、分離した時には元のゾウリムシとは異なるニューバージョンのゾウリムシに生まれ変わるのだ。

動物の雌雄がDNAを半分ずつ出し合って子を作るのと原理的には同じである。ゾウリムシの接合には雌雄の区別がないが（ただし、自分と異なるタイプとしか接合しないので、タイプの数だけの異なる性があるともいえる。このタイプのことを接合型と呼ぶ）、二つの個体がDNAを半分ずつ交換して新しい組み合わせの生命体を作る点では、通常の有性生殖と変わりはない。

さて、接合をしなくてもゾウリムシは分裂で増殖できる。アメリカのウドラフは一九〇七年から一九四〇年までの三十三年間、ロシアのガラジェフは一九一〇年から一九三二年までの二十二年間、ゾウリムシが接合なしに分裂できることを実験によって示した。接合なしでもゾウリムシは無限に分裂できるのだ。

実験によって、ゾウリムシが延々と分裂することを確かめた科学者たちが、ゾウリムシには寿命がないと思ったのも無理はない。ウドラフが実験に用いたフタヒメゾウリムシはメトセラゾウリムシとも呼ばれていた。ちなみに、メトセラとはノアの洪水の前の族長で、九百六十九歳まで生きたという伝説の人物である。ところが、残念ながらゾウリムシが無限に分裂できるというのは見かけ上のことだけで、ゾウリムシには寿命があったのである。ゾウリムシの寿命については、高木由臣著の『寿命論』（NHKブックス、この本は純粋に生物学の観点から寿命を論じた名著である）に詳しい解説があるので、興味のある方は是非参照して頂きたい。ここではごく簡単に要点を述べよう。

高木の本によれば、ヨツヒメゾウリムシは最大で三〇〇回分裂すると寿命が尽きて死んでしまう。しかし、このゾウリムシは飢餓状態に置かれると接合をしなくてもオートガミーという特殊な有性生殖を行って、再び三〇〇回の分裂能力を回復するのだという。オートガミーというのは自分だけで行うセックスのようなものだ。

飢餓状態になったゾウリムシは接合前のものと同様に大核が消失してしまう。次いで接合の時と同じように小核が減数分裂して複数の核を作る。最初の小核は2nの核であるが減数分裂後の核はnである（有性生殖生物では、通常2nのDNA量をもつ細胞からnのDNA量をもつ精子や卵が作られ、これが合体して再び2nの細胞が作られて、これが成体に育っていく）。複数生じたn核は一つを残してすべて消滅して、この生き残った核が分裂して二つになり、その後で合体して2nの核になる。この2nの核が分裂して片方は2nの大核に、もう片方は2nの小核になり、新しいゾウリムシになり、三〇〇回の分裂能力を回復するのだ。

小核の減数分裂やその結果生じた核の合体及びその後の分裂などは、すべて同一のゾウリムシの中での出来事なので、オートガミーを見逃せば、ゾウリムシは永遠に分裂できるように見えるわけである。不思議なことにエサが充分にある状態で飼育すると、ゾウリムシはオートガミーを起こせずに三〇〇回の分裂限界にくると寿命が尽きて死んでしまう。

ゾウリムシのオートガミー

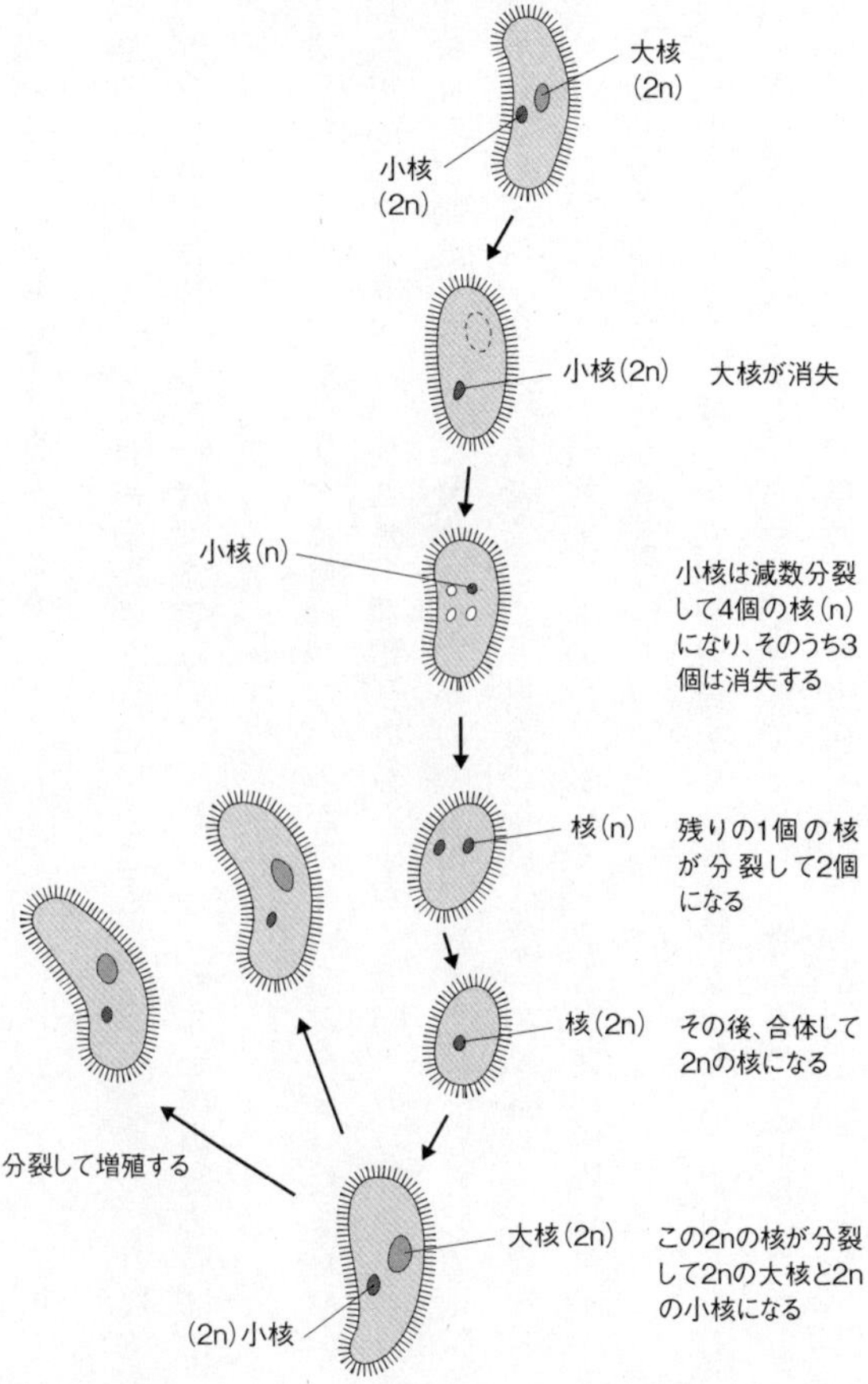
大核
(2n)
小核
(2n)
小核(2n)
大核が消失
小核(n)
小核は減数分裂
して4個の核(n)
になり、そのうち3
個は消失する
核(n)
残りの1個の核
が分裂して2個
になる
核(2n)
その後、合体して
2nの核になる
分裂して増殖する
大核(2n)
この2nの核が分裂
して2nの大核と2n
の小核になる
(2n)小核

なぜバクテリアには寿命がないのか

問題はなぜゾウリムシには寿命があるかということだ。寿命があってもなくても、ゾウリムシは種として存続できるはずだ。わざわざ寿命を決める必要はどこにあるのか。

その前に、なぜバクテリアには寿命がないのかについておさらいしておこう。原核生物のバクテリアはDNA量も遺伝子の数も少なく、同一のDNAをもつ細胞が様々な役割をもつ細胞に分化できないのである。たとえば、私たちの細胞は基本的にすべて同一のDNAをもつが、肝臓の細胞と筋肉の細胞は全く異なる役割をもつ。働いているDNAが異なるのだ。恐らくバクテリアの細胞は単純すぎて、そういった器用なことができないのだ。

全部同じことしかできない。だから寿命をもつ細胞になったら、すべて死んで絶滅してしまう。もしかしたら何かの加減でそうなったバクテリアもいたかもしれない。でもそのバクテリアは滅亡して現在生存していない。だから生存しているバクテリアには寿命がないのだ。もちろん、バクテリアのDNAも生きている間に様々なストレスにさらされて損傷していくに違いない。ひどい損傷を起こしたバクテリアは死んでしまうに違いない。バクテリアにも損傷を修復する仕組みは、多少ともあるだろうが、たとえそれが不完全でも損傷が蓄積するスピードより分裂するスピードのほうが速ければ、一定の割合で健康なバクテリアは死なずに分裂を続けることができる。

真核細胞はバクテリアとはケタ違いの量のDNAをもっている。DNAを修復する仕組みももってはいるが、分裂速度は遅く、無傷のまま生き続けるのは難しいのだろう。ただしDNA量が増え細胞が複雑になったおかげで、全く同じDNAをもつ細胞が異なる機能をもてるようになり、複雑な個体を作れるようになったという利点もある。利点と欠点、すなわち複雑で高等になることと、死すべき運命になることとはトレードオフの関係にあるものと思われる。

ボルボックス——nの細胞と2nの細胞

前章で最初の寿命をもった真核生物としてボルボックスを挙げた。実はボルボックスは染色体の組を一セットしかもたないnの生物なのだ。

nの単細胞の個体が集まって群体を作っている。この単細胞の個体には二種類あり、一つは分裂しないで寿命が尽きたら死んでしまうもの、もう一つは分裂して子孫を作り生き残るものだ。この分化を可能にしたのは細胞の複雑化であることは先に述べた。分裂して子孫を残す単細胞の個体は二つが合体して2nの細胞になる。

この細胞はしばらく分裂して2nの細胞の群体となるが、ほとんどの2nの細胞はすぐに死んで、ほんのわずかの細胞が減数分裂して、nの細胞を四つ作り、これが増殖して再び元のボルボックスに戻るのである。

ボルボックスの細胞分裂もゾウリムシの接合もオートガミーも減数分裂を伴う。ここからわかることは、真核生物の細胞は減数分裂を行わない限り、寿命が尽きて死んでしまうのではないかということである。

それでは減数分裂とは何か。人間を例にとって減数分裂について考えてみよう。

減数分裂とは何か

ヒトの染色体とは

私たちの体細胞は核の中に四六本の染色体（ひとつながりのDNAの長いひも）をもっている。そのうちの半分は父親から由来し、残りの半分は母親から由来している。

父方からは二二本の常染色体と一本の性染色体（X染色体またはY染色体）を、母方からは同じく二二本の常染色体と一本の性染色体（X染色体）をもらう。前者は精子を通して、後者は卵子を通して伝えられ、この二つは合体して受精卵となり、ここから発生がはじまって六〇兆個もの細胞をもつ成体になる。

組み合わせは四四本の常染色体とXY、あるいは四四本の常染色体とXXであ

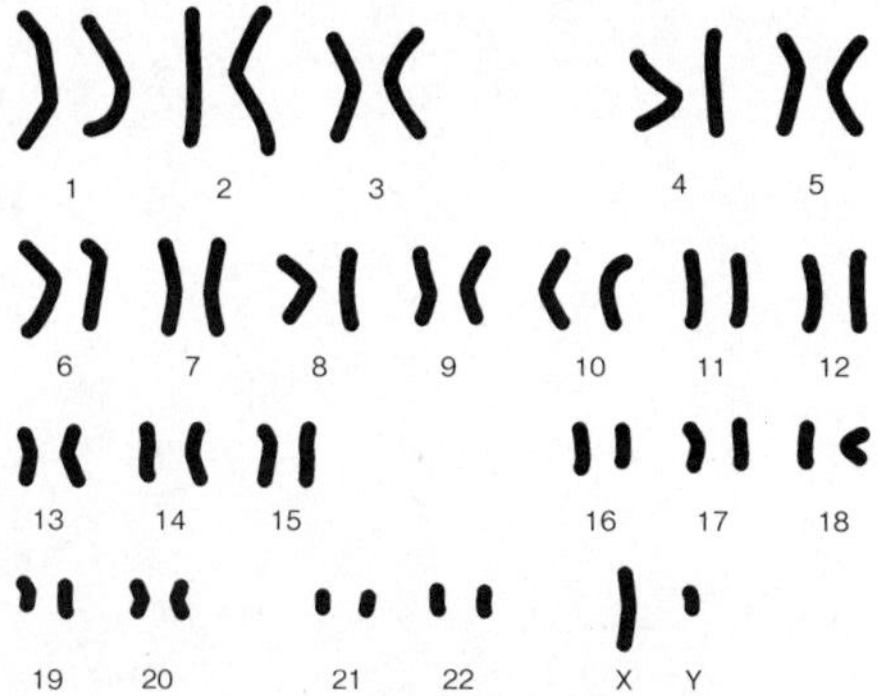

ヒトの男性の核型；22対の相同染色体とXYの性染色体

り、原則として前者は男に、後者は女に成長する。簡単に言えば、nの細胞どうし（精子と卵子）が合体して2nの細胞（受精卵）になり、これが個体に成長するのだ。言うまでもないことだが、2nの個体はいずれ死んでしまう。

ところが、ごく一部の2nの細胞は減数分裂をしてnの生殖細胞に戻る。染色体は父方からのものと母方からのものが二本一組になっていて、これを相同《そうどう》染色体という。女では性染色体もＸＸなのですべての染色体が相同だが、男では性染色体はＸＹなのでここだけは相同ではない。

相同染色体は基本的に同じ構造をもつが、その上に乗っている遺伝子は互いに少しずつ異なる。減数分裂の際に相同染色体どうしはぴったりくっついて（これを対合《ついごう》という）その後で、分かれてそれぞれ別の細胞に入っていく。その時、どちらの細胞に入るかはランダムに決まるので、ここで父方から来た染色体と母方から来た染色体は入り乱れて、様々な組み合わせのnの細胞（精子や卵子）ができることになる。

染色体に長いほうから番号をつけて、父方から来たものは単に1、2、3……と表わし、母方から来たものは1'、2'、3'……と表わすと、減数分裂前の2nの細胞は11'、22'、33'……という組み合わせですべて同じだが、減数分裂後のnの細胞は、「1、2、3……」「1'、2'、3'……」、「1'、2、3……」といったように様々な組み合わせになり、その数は2の23乗という天文学的なものとなる。

さらに、対合の時に相同染色体どうしは部分的に遺伝子の交換（組み換え）をするので、nの細胞の遺伝子の組み合わせは、細胞ごとに少しずつ異なるものとなる。雌雄からのnの細胞、すなわち精子と卵子が合体して生じた受精卵の遺伝

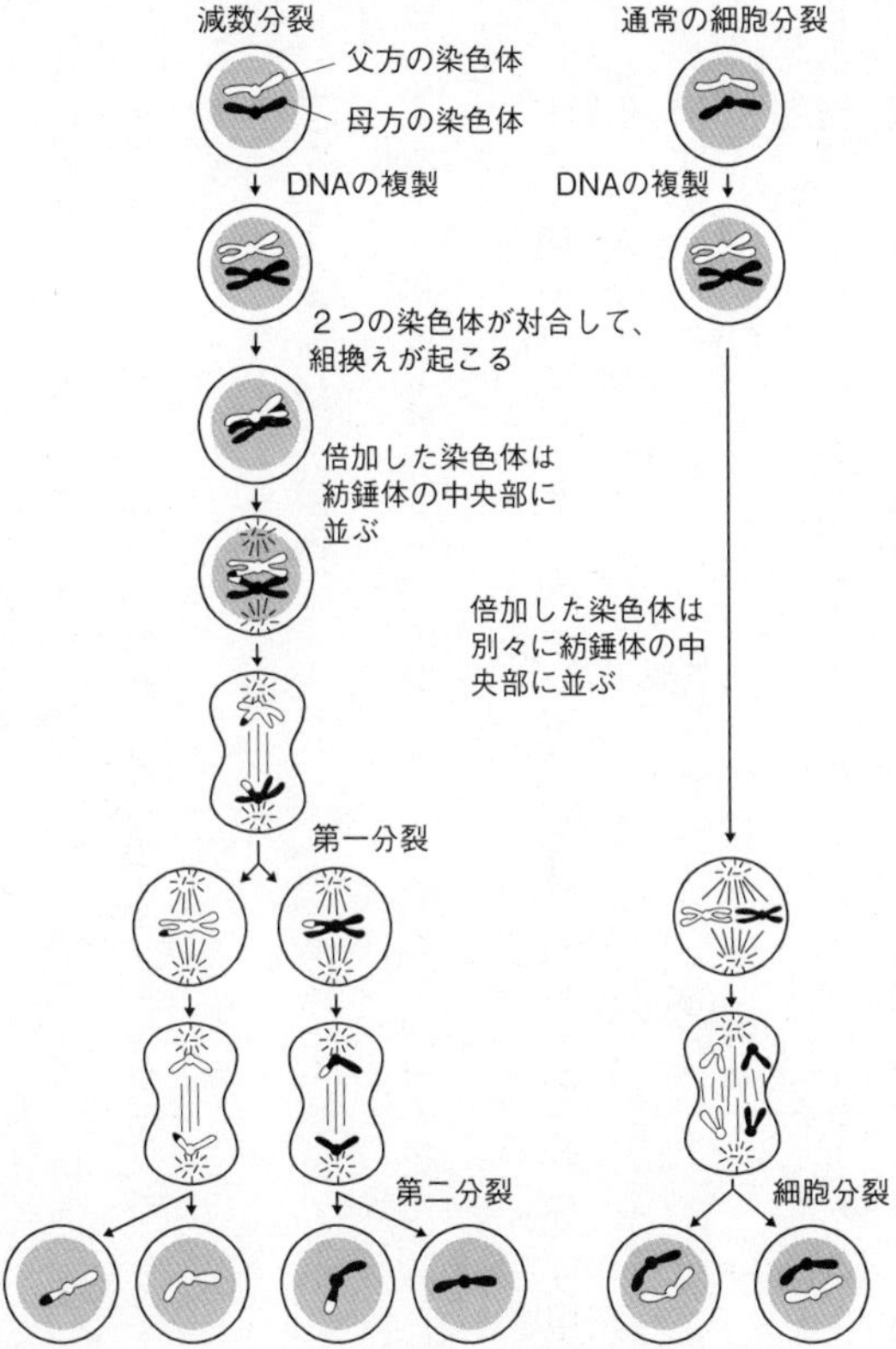
減数分裂
父方の染色体
母方の染色体
DNAの複製
2つの染色体が対合して、
組換えが起こる
倍加した染色体は
紡錘体の中央部に
並ぶ
第一分裂
第二分裂
通常の細胞分裂
DNAの複製
倍加した染色体は
別々に紡錘体の中
央部に並ぶ
細胞分裂

減数分裂とは？

減数分裂ではDNA複製後に分裂が2回起こる。その時に対になった染色体の間で組み換えが起きて、父方・母方の染色体の部分が混じり合って次の世代に伝わる。

松原謙一、中村桂子『ゲノムを読む』(紀伊國屋書店)より的組み合わせは、ほとんど無限である。したがって、有性生殖は親の遺伝的組成とは異なる多種多様な子を作ることができる。それに対し、無性生殖はただ細胞が分裂するだけなので親と同じ遺伝的組成の子ができるだけだ。すなわちクローンである。

「ジャガイモ飢饉」の原因

クローンは同じ性質をもっているので、病気や環境の変化に対して同じ反応をしやすい。

十九世紀の半ばに、アイルランドでジャガイモ飢饉と呼ばれる大規模な飢饉が発生したことがあった。当時アイルランドには八〇〇万人の人々が住んでいて、主食はジャガイモであった。ここにジャガイモ疫病と呼ばれる伝染病が発生する。

当時アイルランドで栽培されていたジャガイモはクローンで、この病気に対して耐性がなかった。その結果、ジャガイモはほぼ全滅状態になり、大飢饉が起こる。餓死者は五〇万人、栄養失調による病死者は五〇万人にのぼり、多くの人がアメリカに移住した。その数は一五〇万人といわれる。この人たちの子孫は、現在二〇〇〇万人とも三〇〇〇万人ともいわれ、アメリカ社会に確固たる地位を占めている。ジョン・F・ケネディやロナルド・レーガンといった大統領もこの中に含まれる。

アイルランド飢饉がなければ、これらの人々は存在していなかったわけで、「人間、万事塞翁が馬」と思わないでもないが、ともあれ、ジャガイモがクローンでなくて遺伝的多様性をもっていたならば、病気に抵抗性をもつものもあったであろうから、ここまで悲惨なことにはならなかったであろう。

減数分裂の役割はDNAの修復

有性生殖はなぜあるのか。それは遺伝的多様性を増加させて、種の絶滅確率を減らすためだ。多くの生物学者は長い間そう信じていた。減数分裂をする生物、すなわち有性生殖をする生物は例外なく寿命をもつ。性と寿命はトレードオフの関係にあり、生物は性を獲得して遺伝的多様性を増やす代償に寿命を与えられたのだ、との言説がもっともらしく唱えられていた。

しかし、本当にそうだろうか。ここで再びゾウリムシのオートガミーに戻って考えてみよう（七七頁参照）。

オートガミーでは、自分の2nの小核から減数分裂で生じたnの核を一つだけ残し、それをもう一回分裂させてnの核を二つ作り、それらを再び合体させて2nの個体になる。すなわち元に戻るだけだから、遺伝的多様性は全く増加しない。オートガミーの前のゾウリムシと後のゾウリムシの遺伝的組成は全く同じである。これでは単に分裂をしたのと変わりないではないか。遺伝的多様性に関する限りはその通りである。この場合の減数分裂は遺伝的多様性を増加させない。それでは何をしているのか。

実は、減数分裂にはより重要な機能があり、それはDNAの修復である。対合の時にぴったり並んだ相同染色体は、遺伝子を交換すると同時に、遺伝子を修復するのだ。相同染色体はそこに乗っている遺伝子は微妙に違ってはいても、基本的には同型の染色体である。時間と共に、細胞のDNAには損傷が生ずる。これをなんとかしないと、細胞はいずれ不具合を起こすだろう。これを回避する一つの方法は、損傷速度より速く分裂することだ。それがバクテリアの戦略であることは先に述べた。

もう一つのやり方は損傷を修復することだ。二つの相同染色体の同じ場所に損傷が生ずる確率は少ない。傷ついたほうの染色体は対合の際に、傷ついていない相方の染色体を参照して、自身のDNAを修復するのである。これが減数分裂のいちばん大きな役割なのである。なかには修復できない細胞もあろうが、相当数はきちんと修復を行うに違いない。

減数分裂をすれば細胞は若返って、寿命を回復することができる。寿命が尽きそうになったら再び減数分裂をする。真核生物はこのようにして種の絶滅を免れているのだと思う。有性生殖が多様性を生ずるというのは、多くの多細胞生物にとっては極めて重要なことだけれども、恐らく二次的な機能なのだろう。

アメーバにもDNA修復装置があるはず

ここまで書いたところで、アメーバという単細胞の真核生物のことを思い出した。アメーバは無性生殖で、無限に生をつないでいるといわれる。もし、それが本当ならば、私がここで述べた理屈は間違いということになる。しかし、時間と共にDNAに不利な突然変異や損傷が生ずることは不可避であり、何らかの修復装置がない限り、分裂だけで無限の生をつなぐことは不可能なのではないかと私は思う。アメーバもまたDNAを修復する何らかの装置をもっているに違いない。科学者たちは、まだそれを発見していないだけなのではないかと思う。

真核生物になって細胞が圧倒的に複雑になった結果、DNAの修復をしない限り、細胞はいずれ死を免れなくなった、というストーリーは恐らく間違いないと思う。生き延びるためにはDNAを修復する他はない。そこで減数分裂というプロセスを開発したわけだ。という言い方が目的論的でよくないというのであれば、たまたま減数分裂（またはそれに代わる修復装置）を開発した真核生物だけが生き残ったと言い直してもよい。

不思議なことに、ヨツヒメゾウリムシはエサが豊富な環境では三〇〇回の分裂で寿命が尽きる。飢餓状態になると分裂を中止してオートガミーが生じる。飢餓という状態をオートガミーを起こすきっかけに利用しているのだろう。これは何か意味がある行動なのだろうか。

人間でも、危機に直面すると性欲が亢進するという説がある。万一に備えて子孫を残すのは適応的な意味がある。しかし、飢餓状態になってオートガミーを起こすゾウリムシに適応的な意味があるとは思えない。オートガミーを行うのにもエネルギーが必要だろうから、飢餓の時は何もせずにじっと耐えていたほうが賢いような気がする。むしろ飢餓の後でエサが豊富になった瞬間にオートガミーを行い、分裂能力を回復しておいたほうが子孫をたくさん残すことができるような気がする。何といっても、エサが充分あるのにオートガミーを起こさずに寿命が尽きて死んでしまうのは適応的でない。エサが充分にあっても、分裂限界が来る前にオートガミーを行えば無限に生きられるではないか。

実際、先に述べたアメーバでは、エサが豊富にありさえすれば、無限に分裂を続けるが、飢餓状態になると、寿命をもつ細胞が現われるという。エサがないのにどんどん分裂すれば、全員餓死してしまう確率は高いのでこの性質は適応的だと考えられる。

話をゾウリムシに戻す。エサがたくさんあるのにこれ以上分裂できずに寿命で死んでしまうのはたしかに適応的ではないが、自然状態では接合という他の個体との有性生殖を行うので、実際問題としては、エサが豊富にあるのに寿命が尽きて全員死んでしまうことはない。

ゾウリムシの生存にとって重要なのは、いずれにせよ、寿命が尽きる前に減数分裂（有性生殖）を行って寿命を回復させることだ。自然状態ではエサが豊富にある時とエサが不足する時は交互にやってくるだろうから、飢餓をオートガミーのきっかけに利用しようが、エサが豊富になった瞬間をきっかけにしようが、いずれにせよ大差はないということだと思う。たまたま、飢餓をきっかけに使った奴が現われた。それで特段の不都合が生じなかったので、今もそれを使っているということなのだろう。

寿命は遺伝的に決まっているのか?

さて、ひとたび、減数分裂（あるいは、それ以外のDNA修復装置）が開発されて、不死の細胞系列さえ確保してしまえば、それ以外の細胞（系列）の寿命が長かろうが、短かろうが、種の存続にとってはどうでもよいという話になる。有性生殖あるいはそれに代わる修復装置を働かせて、不死の細胞系列を作りさえすれば、寿命の長短などはどうでもよいわけだ。

真核生物にとって寿命があること、及びそれに伴い不死の細胞系列を作り出すこと、の二点は避けて通れない重大事だけれど、寿命の長短などは瑣末《さまつ》な問題にすぎないのである。自然選択は、不死の細胞系列を存続させることだけに味方し、寿命の長短それ自体には関心がないのである。ただ、寿命の長短が不死の細胞系列の存続確率に関与することがあるとすれば、その場合には自然選択は寿命を延ばしたり縮めたりするであろう。

自然選択が寿命の長短それ自体に関心がないということは、寿命が遺伝的に決まっていないということを必ずしも意味しない。真核生物は複雑な細胞システムを開発した。減数分裂のような特別な若返り法なしに、このシステムが可能性としてどれだけ長持ちするかはシステムの特性によって決まる。システムの中には寿命を強制的に制限しているものもあろう。

前述の『寿命論』(髙木由臣著)によれば、ヨツヒメゾウリムシには生活機能は正常であるが極端に短寿命の突然変異体があるという。逆にC・エレガンスという線虫(多細胞動物)には、野生型の寿命を倍近く延ばす突然変異体がある。これらは寿命が遺伝的に決まることを意味している。もし、寿命を長くすること自体が適応的であるならば、長い年月の自然選択の結果、野生型が最長寿になるはずだ。逆にもし、寿命を短くしたほうが適応的ならば、野生型より短命の変異体が存在する理由を説明するのが難しい。寿命それ自体は適応的でも非適応的でもないのだ。

ゾウリムシやアメーバやボルボックスは単細胞の真核生物だ。植物や動物は多細胞の真核生物で、発生にしたがって細胞が異なる機能をもつ組織に分化する点で、単細胞の生物とは複雑さの次元が異なる。単細胞の真核生物においては、不死の細胞系列を作るとは、接合やオートガミーで単細胞の個体自身が若返ることを意味している。しかし多細胞生物はそうではない。不死の細胞は生殖細胞という特殊な細胞だけで、体を作る大部分の細胞（体細胞）は減数分裂をせず、いずれ死を免れない細胞なのだろう。

「生物は遺伝子の乗り物」などではない！

体細胞の構造や機能の多様性を保証しているのは、真核細胞の複雑さである。同じＤＮＡ組成の細胞からＤＮＡの働き方を少しずつ変えることにより、様々なタイプの細胞を作ることができる。前に話の出たイギリスの生物学者のドーキンスは、体細胞が複雑になって個体を作るようになったのはなぜかとの疑問に、それは遺伝子たちの生き残りのためだと考えたのだ。そこから、「生物（の個体）は遺伝子のための生存機械だ」あるいは「生物は遺伝子の乗り物だ」という人口に膾炙《かいしや》した有名な科白《せりふ》が出てきたと思われる。

しかし、残念ながらこの言明は全く的はずれである。生物にとって最重要な課題は、動的平衡を保つシステムを細胞分裂を通して次々に伝えていくことである。遺伝子はDNAの塩基配列にすぎず、突然変異や他生物との水平移動によりどんどん変わる。それでも、動的平衡というシステムだけは遺伝して、三十八億年の昔から延々と生をつないできたのだ。すでに述べたように、遺伝子はこのシステムを動かす部品であって、遺伝子がシステムを作ったわけではないのだ。

重要なのは遺伝子ではなく、動的平衡を保つシステムを次世代に遺伝させる不死の系列、すなわち生殖細胞なのだ。だから、個体は生殖細胞のための生存機械だと言われれば、当たらずといえども遠からず、ということになる。繰り返すが、生殖細胞と遺伝子は同じではない。

無性生殖と有性生殖と寿命の関係

動物と植物の細胞の違い

さて、個体は生殖細胞の生存のための機械だとしても、この機械は生殖細胞の生存確率を最大化するために日夜頑張っているわけでもないのだ。別の言い方をすると、個体は生殖細胞の系列を断ち切らない限り、何をしても自由だということだ。生殖細胞系列の不死性を保証するやり方は様々であって、それが生物の種や個体の多様性をもたらしたのだ。

体細胞たちのとった戦略は大きく分けて二つあると考えられる。一つは、体細胞たちに非常に多くの役割を割り振って、極めて複雑なシステムを構築する道。もう一つは、役割分担が割にルーズで交代がきくようなシステムを構築する道。

細かい話を無視してしまえば、前者は動物、後者は植物である。

植物も当然有性生殖をするが、多くの植物は無性生殖をする。たとえば、ツツジやサツキなどはさし木で殖やすことができる。このように体の一部から個体を作る無性生殖を栄養生殖と呼ぶ。植物の細胞は分化の度合が動物ほど高くなく、個体としての統一性が低いので、一部だけ切り離しても再生することが可能なのである。それに対し、多くの高等動物では個体を分断してしまえば、生き続けることが不可能となる。高度に分化した動物の細胞は、それぞれ別々のしかも個体の生命維持に不可欠な機能を有しているので、切り離されてしまえば、体の一部だけが独立して生きることは不可能になってしまうからだ。

肝臓を切り取られた動物は、他の細胞から肝細胞を作ることができないので、たとえ出血をすべて止めたとしても、しばらくすれば死んでしまう。肝臓は生命維持に不可欠な機能をもつからである。もちろん、切り取られた肝臓も、他の種類の細胞を作ることができないので、独立して生き延びることは不可能である（シャーレの中で培養されて生き続けることはできるが、肝臓細胞が自分一人の力で生き続けることはできない)。

植物の場合は違う。さし木をされたツツジの小枝は、独立して生き延びるのに必要な根をまず作り、次に新しい芽を出して葉を作り、しばらくたてば立派なツツジに育って、見事な花をつけるだろう。植物と動物では何が違うのかと言えば、動物では分化した細胞が他の種類の細胞になることができない(あるいは極めて難しい)のに対し、植物では、分化した細胞の相互転換が比較的容易なのである。

ハカラメという植物がある。日本では小笠原諸島などに見られる。葉を一枚取って土の上に放置しておくと、ここから根や芽を出して立派な個体に育っていくことからそう呼ばれる。ドイツの詩人であり科学者でもあったゲーテは、この植物をこよなく愛したと言われている。ゲーテは、原植物という考えを提唱し、植物の様々な形は原型からの変形により創出できると考えていた。ハカラメはこの考えを支える生きた証拠のようにゲーテには思われたのであろう。ちなみに形態学(モルフォロギー)という語を造ったのはゲーテである。

無性生殖する動植物の例

分化した細胞間の転換が容易であれば、無性生殖で子孫を殖やすことができる。この系列は人間の短い一生から見ると不死のように見える。最もポピュラーな桜であるソメイヨシノはオオシマザクラとエドヒガンという二つの種の交配種であり、種子がうまく育たない。すなわち、有性生殖で殖えることができない。

高等動物の場合は有性生殖ができなければ、個体は子孫を残せない。たとえば、トラとライオンの間で子孫を作ることができるが（オスのトラとメスのライオンの間の子はタイゴン、オスのライオンとメスのトラの間の子はライガーと呼ばれる）、子は不妊であり子孫を残せない。

ソメイヨシノはさし木でどんどん殖やすことができる。世界中のソメイヨシノは恐らくすべてクローンである。この系列に寿命があるかどうかはわからないが（個体としてのソメイヨシノは大体、百年ほどで枯れてしまう）、DNAの損傷を防ぐ何らかの手だてがなければ、いずれ寿命が尽きてしまうだろう。ヒガンバナ、バナナなどは三倍体（3n）の染色体をもち、減数分裂ができないので不稔《ふねん》（植物が種子を生じない現象）であり、もっぱら無性生殖で殖える。同じ染色体、すなわち相同染色体が三本あると、対合をしようとする時に一本があぶれてしまうので、減数分裂ができないのだ。

ヒガンバナは球根（鱗茎《りんけい》）で殖える。日本では各地に有名なヒガンバナの群生地があるが、たまたま移植された個体から球根がどんどん殖えて大群生地になったのであろう。これらのヒガンバナもすべてクローンである。中国大陸には有性生殖が可能なヒガンバナがあるという。2nのヒガンバナである。日本に自生しているのは奈良時代か平安時代に中国から渡ってきたものが殖えたと言われている。恐らく、2nのヒガンバナと4nのもの（最初の体細胞分裂の時に染色体が倍化した後で、何らかの理由で細胞分裂が起こらないで、その後正常に発生すると4nの植物になる）が交配して3nの子を作り、このヒガンバナが日本に渡来したのであろう。だから、この無性生殖系列は千年近く生き延びていることになる。

バナナはクローンで殖える

普通に栽培されているバナナも3nである。十年ほど前に、ベトナムのサパという田舎の町に行った時に市場で買ったバナナに大きな種がたくさん入っていたことがあった。きっと2nのバナナだったのだろう。

私たちが普通に食べるバナナはすべて3nのクローンで栄養生殖で殖える。このクローンも人間の寿命に比べれば不死のごとくに見えるが、本当に不死なのかどうかはわからない。

ヒガンバナやバナナでは分化した通常の体細胞から新しい個体ができるわけで、脱分化と再分化を繰り返す細胞系列が延々と続くと考えられる。しかし、ここでもDNAの損傷を防ぐ何らかの方法がなければ、完全な不死性は保証されないと思われる。あるいは脱分化の際の細胞分裂のプロセスで何らかの修復装置が働くのかもしれない。

それと同時に、どんどん分裂する細胞は細菌の不死性ほどではないとしても損

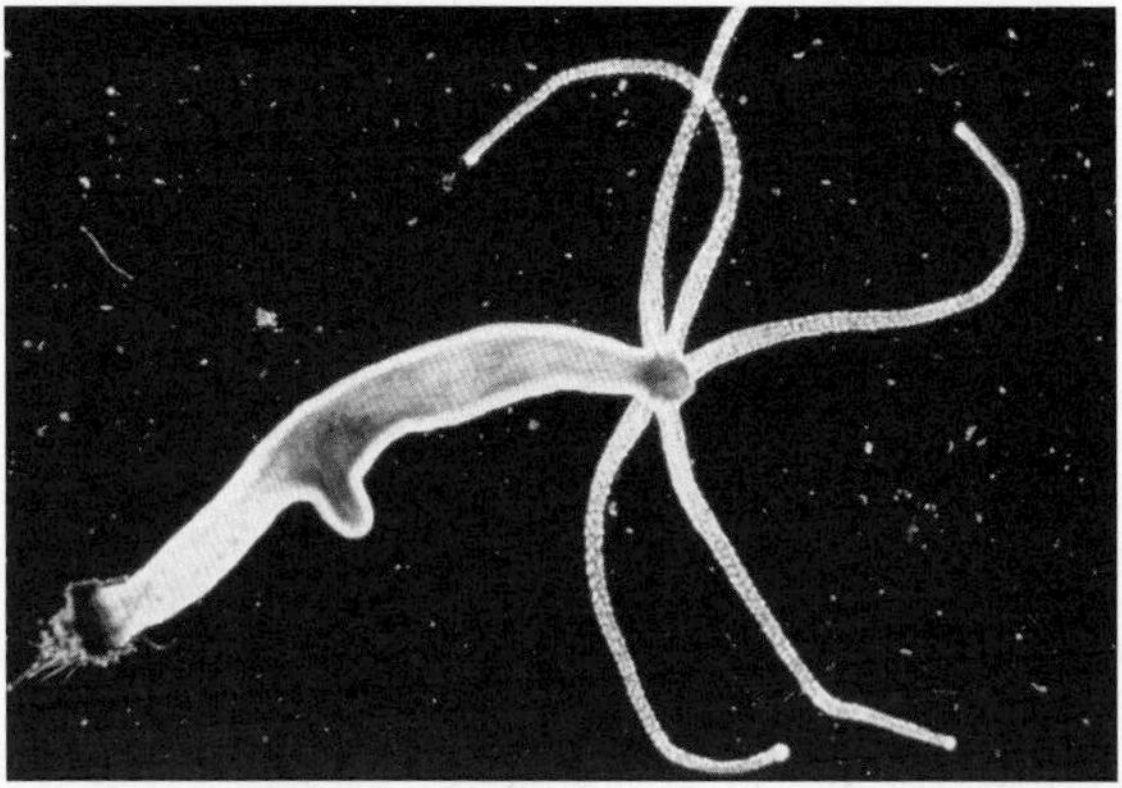

出芽によって新個体を作るヒドラ。
©Biophoto Associates/Science Source

傷速度とある程度拮抗するほどの速い分裂速度を有しているとも考えられる。下等な動物でもヒドラの出芽のように分化した細胞から新個体を作ることができるものもあり、この系列も見かけ上は不死である。しかし、高等な動物では分化した細胞が脱分化して再分化するプロセスは存在しないので、体の一部から別の個体が無性的に生じることはない。

iPS細胞を作ることを禁欲した高等動物

最近、世間を騒がせているiPS細胞（誘導多能性幹細胞）は、実は高等動物でも、原理的には分化した細胞を脱分化させることができることを実証した実験なのだ。iPS細胞とは、分化した高等動物の細胞を人工的に脱分化して、すべての細胞へ再分化する能力をもつように改造したものだ。もし、高等動物自身が、自らの力でこのようなことができる能力をもっていたら、高等動物もまた自分の体の一部から新個体を作る無性生殖が可能であったろう。

人類は次々と新しい技術を開発してきた。しかし、技術の元になる原理はすべて自然の中から見つけてきたものだ。人類には自然ができることしかできないと言ってもよい。自動車が走るのも、飛行機が飛ぶのも、原発が動くのも、遺伝子操作ができるのも、すべて自然の中にある原理の応用なのだ。

iPS細胞だって、自然が作ろうと思って作れないはずはないのだ。実際、ヒドラでは体細胞から全能性の細胞が作られて無性生殖ができるのである。

ではなぜ、高等動物ではそれができないのか。私の考えでは、できないのではなく、できるのにやらなかったのである。高等動物は分化した細胞が脱分化して再分化するという可能性をシャットアウトして、分化した細胞に寿命を遺伝的にいわば強制的に組み込んだのだ。別の言い方をすれば、生殖細胞を除くすべての細胞（体細胞）は死すべく運命づけられたのである。そのことによって、高等動物は極めて複雑なことができる統制されたシステム（高等動物の個体）を作ることができた。それについてはもう少し後で述べる。

屋久杉はなぜ長寿なのか

植物は体細胞に強制的に寿命を組み込むことをしなかった。体細胞は優秀なDNA修復装置をもたない限り、いずれ死は免れないが、強制的に寿命が組み込まれていなければ、いつ死ぬかは環境と偶然に支配されるので、生存時間の長さはバラバラになる。幸運が重なれば、植物は相当長く生きられるが、動物はどんなに幸運でどんなによい環境を与えられても最大寿命は遺伝的に決まっている。

屋久島のスギは樹齢数千年以上のものがたくさん知られるが、同一種でも本州のスギでそれほど長く生きるものは稀である。あるいは本州で育てると一年で枯れてしまうトマトやトウガラシを熱帯で育てると大木になることがある。生存年数は環境条件により異なり、強制的に寿命が決まっているわけではないからであろう。それに対し、人間の最大寿命は遺伝的に決まっているので、どの民族どの地方でも、最長寿の人の年齢は百十〜百二十歳ぐらいと決まっている。

植物が有性生殖する理由

スギに限らず、植物には長生きするものが多い。アメリカ・カリフォルニア州のブリッスルコーンパイン（マツの一種）の老樹は四千七百年の樹齢を保っていると言われ、北欧のノルウェースプルース（トウヒの一種）の中にはその根が一万年近く生きているものがあると言われている。植物の体細胞には分裂限界（寿命）が遺伝的に組み込まれていないので、条件さえよければ、極めて長期にわたって分裂できるのかもしれない。それがバナナのような栄養生殖系列や、ここにあげた一部の樹の長寿を保証しているのであろう。

最大で百二十歳までしか生きることのできない人間から見ると、千年を超える長寿はうらやましいような気もするが、人間のような複雑なシステムを維持したまま植物のような長寿は不可能なのだ。前にも述べたように、複雑なシステムを維持することと長寿はトレードオフの関係にあり、千年の寿命を望むなら、脳神経系や運動系といった複雑なシステムはあきらめる必要がある。運動もできず心をなくしてまで長生きしたい人は、あまりいないだろう。

人間の寿命のスケールから見ると、植物のクローンは無限に近く生きられるように思われるが、有効なDNA修復装置がない限り、いずれ死すべき運命にあると思われる。故にほとんどの植物は有性生殖をするのだ。有性生殖で減数分裂をすれば、生殖細胞系列の不死性は保証されるからだ。

単為生殖で生きる生物

動物でよく知られる生殖法の一つに単為生殖がある。卵が精子の関与なしに発生することだ。ウニなどでは人工的に単為生殖をさせることができるが、自然状態で単為生殖をするものもある。ワムシ、ミジンコ、線虫などは倍数性単為生殖という特殊な方法を使っている。

減数分裂は第一分裂と第二分裂からなる。まず2nの染色体がコピーを作って倍化して4nになり、相同染色体どうしが遺伝子を、交換したり修復したりした後で分裂して、2nの細胞を二つ作る。これが第一分裂である。次に2nの細胞が二つに分かれてnの細胞を作る。これが第二分裂だ。その結果、一つの2nの細胞から四つのnの細胞ができることになる。これが配偶体になり、卵や精子になるわけだ。

もっとも、卵の場合は2nの細胞が四つに分かれてしまうと、卵が小さくなってしまうため、第一分裂、第二分裂とも、片方の細胞は極体（第一極体及び第二極体）といってごく小さな細胞となって消失し、結果的に一つの大きな卵ができる。

さてワムシやアリマキの倍数性単為生殖では、第一減数分裂だけしかせずに2nの卵ができ、これがこのまま発生して親になる。これは通常の減数分裂でない（染色体が半減しない）とはいえ、第一分裂の際にＤＮＡの修復をするので、この系列は不死性を担保できると思われる。

雌性発生

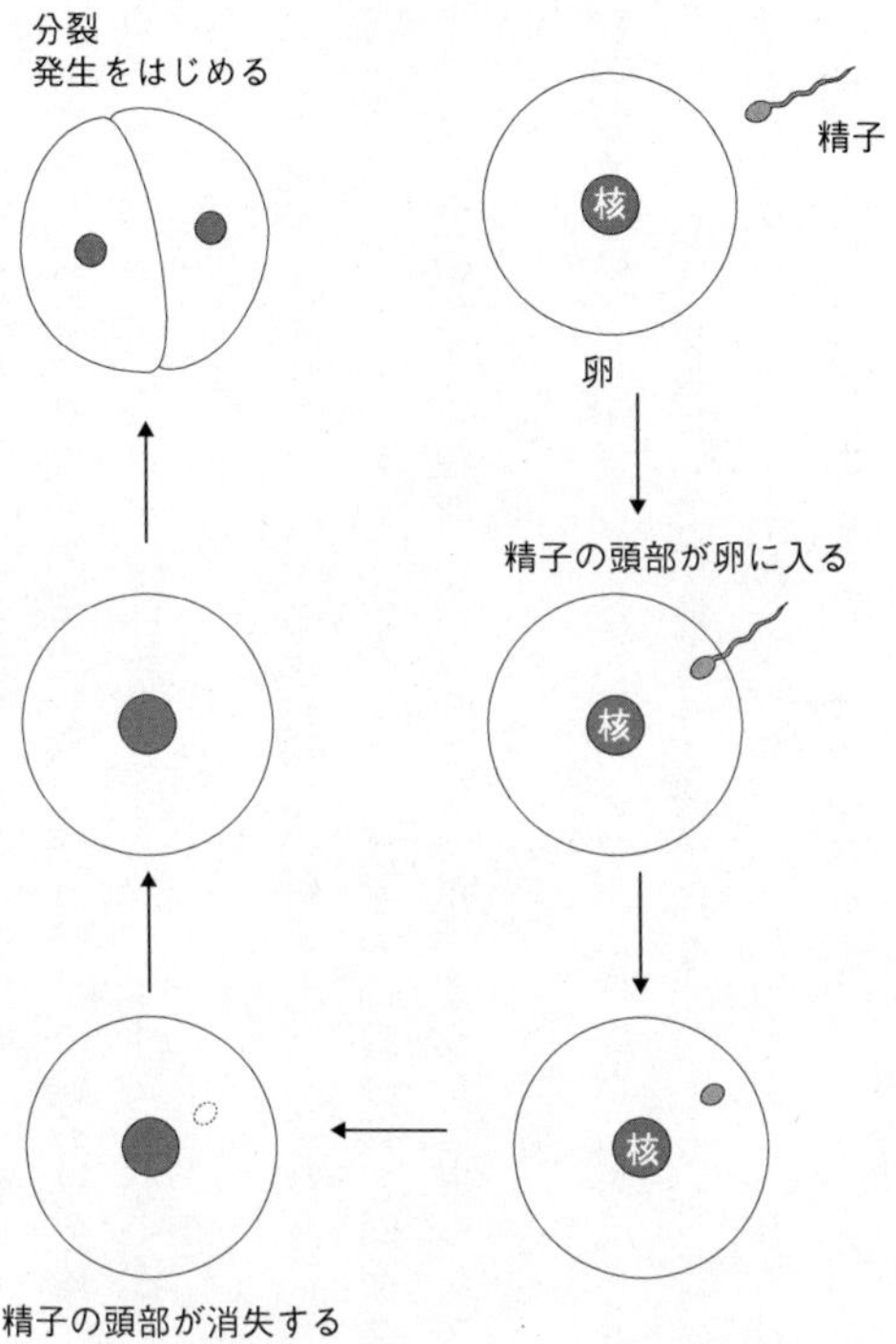

精子は卵の中に入るが、しばらくすると消失し、
卵の核のみで発生をはじめる。

ミジンコでは減数したnの卵核がnの第二極体と合体して2nになり、ここから発生がはじまる。これもDNAは修復される。しかし、そうでない単為生殖もある。フナの中には精子を卵の発生の刺激に使うだけで雌の染色体だけから発生をはじめるものがある。これを雌性発生と呼ぶが、雌性発生をするフナは三倍体と四倍体（3nと4n）であるという。

フナの雌性発生を研究している小野里坦《おのざとひろし》によれば、これらのフナは卵を作る過程で、減数分裂の第一分裂を行わずに、通常の細胞分裂と同様なやり方で卵を作るという。卵の染色体組成は親と同じなのだ。こうして育ったフナは親のクローンになる。

植物の栄養生殖やヒドラの出芽によるクローンと異なるのは、分化した細胞が脱分化してそれが再分化して個体を作るのではなく、ともかくも卵細胞（生殖細胞）系列から個体を作ることだ。ただし、第一減数分裂に代わるDNA修復機構がなければ、不死性は担保されないと思われる。

雌性発生をするフナの中にも両性生殖をするものも混在することから、これらのフナでは両性生殖を種の不死性を担保するセキュリティー装置として使っているとも考えられる。

前記の小野里によれば、北海道奥尻島のフナでは、雌性発生するものが九九・二パーセントを占め、両性生殖をするものはわずかに〇・八パーセントだという。雌性発生をする雌でも雄に精子をかけてもらわなければ卵は発生をはじめないので、奥尻島のフナの雄は平均二五〇匹の雌のお相手をしなければならないとのこと。何でそこまでして、奥尻島のフナは雌性発生にこだわるのか。どうもよくわからない。

生物は最適な戦略に向けて進化しているわけではなく、どんなムチャクチャをしても、不死の細胞系列さえ残せれば、とりあえずは生き続けることができるということなのであろう。

植物の中にも第一減数分裂をせずに単為生殖をするものがある。セイヨウタンポポは3nで減数分裂ができないので、通常の有性生殖はできない。そこで第一減数分裂を飛ばして卵を作り、受精をせずにここから個体を作る植物版単為生殖で、これを無融合生殖と呼ぶ。遺伝子修復ができないのであれば、セイヨウタンポポもまた死すべき運命にあるのかもしれないが、そうでなければ、何か特殊な方法でDNAの損傷を回避しているのかもしれない。もっとも、通常の細胞分裂でも修復装置はある程度働くので、減数分裂を行わずに不死性を担保しているように見える生物では、この機能が特に優れているのかもしれない。

最も驚くべきはヒルガタワムシであろう。あるグループのヒルガタワムシは雄が全く存在せずに、単為生殖だけで生をつないでいるという。雄は別にいなくてもいいのだけれども、減数分裂をせずに、どのようにしてDNAの損傷を回避しているのだろう。生殖細胞(卵細胞)系列の損傷を修復する特に優れた装置をもっているに違いない。

生物は多様だから、凡人には存在理由がよくわからない奇妙奇天烈《きてれつ》な奴がいっぱいいるのは仕方がない。例外のない規則がないように、例外のない生き残り戦略もないのであろう。

高等動物の分裂可能な細胞と非分裂性の細胞

さて、高等動物である。恐らくすべての脊椎動物は、システムの複雑化と引き換えに寿命を押しつけられたのであろう、という話はすでにした。細胞の寿命を偶然にまかせずに遺伝的にコントロールすることで、高等動物は極めて統制のとれた体と行動様式を発達させたと考えられる。

高等動物の体の中には分裂能を失わずに必要とあらば分裂ができる細胞と、分裂が不可能になった非分裂性の細胞がある。原始的なヒドラやイソギンチャクといった動物や植物は、分裂性の細胞だけで体が作られており、これらの細胞には遺伝的に寿命が組み込まれていない。だから、条件次第では非常な長寿となる。反対に昆虫の成体は非分裂性の細胞だけでできており、リニューアルすることが不可能で、寿命は短い。

高等動物の成体の分裂性の細胞でいちばん重要なのは幹細胞である。骨髄の造血幹細胞や表皮の下の皮膚幹細胞や消化管の上皮を作る幹細胞である。これらは成体になっても分裂を繰り返して新しい血液の細胞や皮膚や上皮の細胞を作っている。次いで肝細胞やリンパ球などで、これらは分化した細胞であるにもかかわらず、必要とあらば分裂可能な細胞である。

それに対し、神経細胞や心筋細胞などは非分裂性の細胞である。若い時にこれらの細胞を作り出した神経芽細胞や筋芽細胞はそれら自体は分裂性の細胞であるが、分化して神経細胞や心筋細胞になってしまえば、分裂能を失う。故にこれらの細胞は死んでしまえば補充がきかない。ただし、その寿命は長い。

皮膚の老化はなぜ早いのか

幹細胞から作られる赤血球の細胞や皮膚の細胞なども非分裂性の細胞であるが、いつでも補充がきくのでその寿命は短い。ヒトでは赤血球の寿命は百〜百二十日である。赤血球は死ぬべく運命づけられた細胞である。老化した赤血球を補修するよりも幹細胞から新しく作って使い捨てにしたほうが、コストがかからないということなのであろう。

皮膚の細胞も老化のスピードは速く、最表面の細胞は死ぬとアカとして脱落していき、すぐ下の細胞が次に最表面の細胞になり、その下の細胞が第二層の細胞になるといった具合に次々に新陳代謝をしている。もちろん一〇層ほど下の基底膜の上には皮膚幹細胞があり、これが次々に分裂して新しい皮膚の細胞を作って、この新陳代謝を支えている。この場合も老化した皮膚細胞を修繕しつつ使うより、使い捨てにして新しく作ったほうが機能も優れコストもかからないということなのであろう。

これらは細胞レベルの動的平衡といってよく、老化した細胞を積極的に排除し、新しい細胞に入れ替えることで個体の生命維持に貢献している。

高等動物では幹細胞自体にもまた寿命が組み込まれていて、人間では五〇回ほど分裂すると寿命が尽きてしまう。さらに補充がきかない非分裂性の細胞にも寿命があるようで、実質的にはこの二つが人間の個体の最大寿命を決めている。それについては次章で述べる。

アポトーシス（細胞のプログラム死）とは何か

高等動物に組み込まれている自殺装置

本章で述べる最後の話題はアポトーシスである。アポトーシスとは細胞の自殺である。自殺というよりもむしろ個体というシステムが複雑な形を作ったり、生命を維持するために不要な細胞や危険な細胞を殺してしまうことと言ったほうがいいかもしれない。別の言い方をすれば、プログラム死である。

高等動物の細胞の中には、遺伝的にアポトーシスのプログラムが組み込まれていて、このプログラムにスイッチが入れば細胞は自殺を余儀なくされてしまう。それは細胞の中にあらかじめ死を組み込むことである。

アポトーシスは個体発生や病気の予防や治癒に不可欠な機能である。すなわち、アポトーシスがなければ、高等動物として生きることはできないのだ。アポトーシスも寿命も、細胞の中に死を組み込むメカニズムであり、この二つは強く相関している。分裂細胞は寿命（分裂限界）がくるとアポトーシスで死ぬらしい。高等動物は寿命と引き換えに、高等動物たりえたのだ。

五本の指も脳の機能もアポトーシスのおかげだった

発生のプロセスで起こるアポトーシスの例をいくつか挙げておこう。

私たちの手足には五本の指があるが、この形は指と指の間の細胞が適当な時期にアポトーシスで消滅してできるのである。アポトーシスのスイッチが入るのは実際にアポトーシスが起こる数週間前であり、これ以後の細胞を切り出してシャーレで培養しても、時期が来ると自殺してしまう。反対にこれより前の細胞を切り出して培養すると、指の間の細胞たちがアポトーシスで死ぬ時期が来ても、シャーレの中で生き続ける。同一個体のすべての細胞の遺伝子組成は同じである。すべての細胞はアポトーシスのメカニズムをもってはいるが、それが発動するかどうかは、文脈依存的に（周囲の細胞や環境とのかねあいで）決まるのである。脳の機能もアポトーシスのおかげである。

人間の出生時の大脳皮質のニューロン（神経細胞）の数は約一二〇〇億個と言われている。大人の大脳皮質のニューロン数は一二〇億であるから、九割のニューロンは発生の途中で消えたことになる。

実は出生後一～二年の間で大脳皮質のニューロン数は急激に減少し、二歳ぐらいで二〇〇億に、八歳までには大人と同じ一二〇億になる。ニューロンは神経芽細胞と呼ばれる細胞が分裂、増殖して作られるが、ニューロンになった後では非分裂性の細胞になり、かなりのニューロンは個体の死まで生き続ける。

出生直後のニューロン数の減少はアポトーシスによる。ニューロンは単独では機能せず他のニューロンとの間にネットワークを作る必要がある。うまくネットワークを形成できなかったニューロンたちはアポトーシスで死んでいく。まずたくさん作って、その後で選抜するというのは生物の基本戦略なのだろう。生き残ったニューロンたちは大きくなって、ニューロンどうしのコミュニケーションを

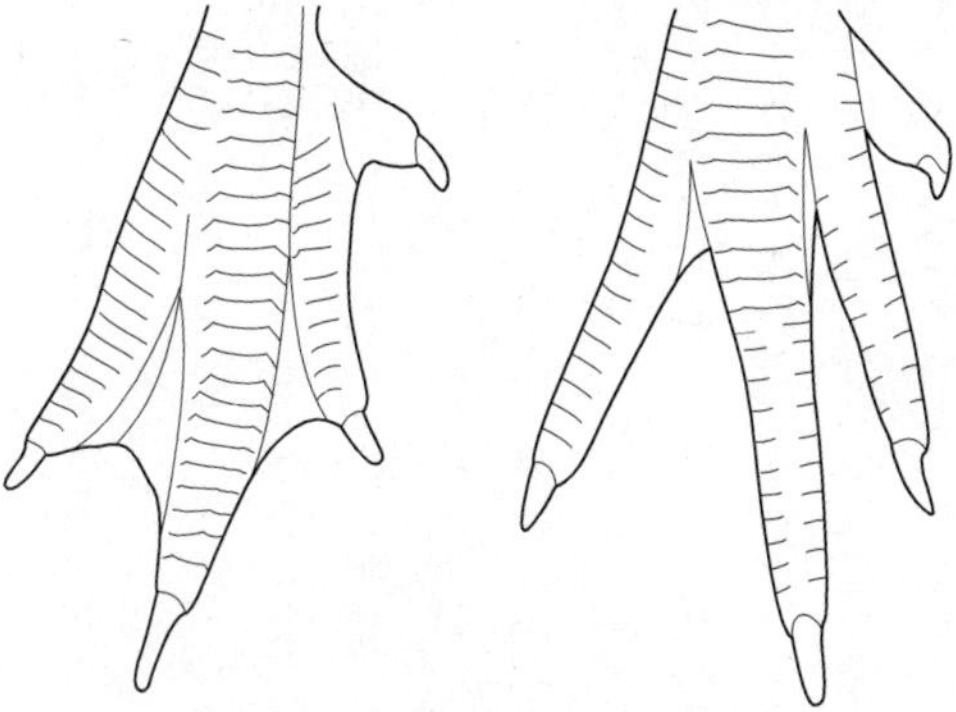

アポトーシスを抑制したニワトリの足（左）と正常足（右）

アポトーシス

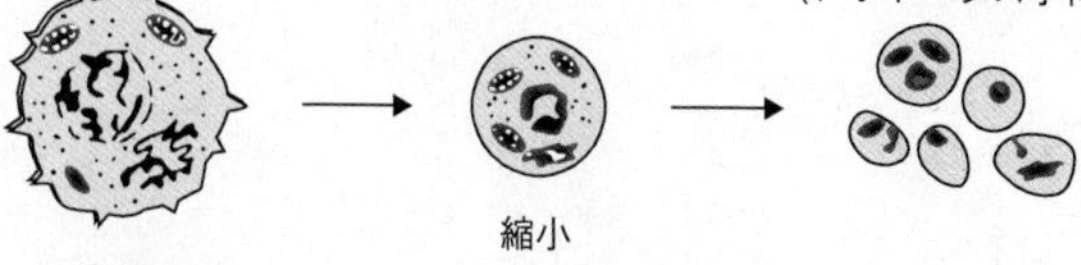

確立し、複雑な脳機能を発揮できるようになる。

がん予防としてのアポトーシス

まずたくさん作って、その後で選抜するのはニューロンだけとは限らない。免疫細胞を作る時でも同様なことが起こる。

T細胞と呼ばれる自己と非自己を区別して非自己を排除することに関係するリンパ球がある。これは、元々は造血幹細胞から作られるが、T細胞へ成長する途中で胸腺で選抜され、無能な細胞はアポトーシスで殺される。生き残るよりも殺されるほうが圧倒的に多く、胸腺に入ったT細胞の卵たちの九六〜九七パーセントは殺されてしまう。これを胸腺によるT細胞の教育と称するが、その実は教育とは名ばかりの殺戮である。

独裁国家では、独裁者に盾つく人間はしばしば教育キャンプに送られるが、ほとんどは二度とそこから出てくることはない。ちょっと似ているよね。まあ、教育キャンプでは人はアポトーシスで殺されるわけではないだろうけどね。

アポトーシスがなければ免疫はうまく働かず、高等動物の個体は生き続けることはできない。さらには、アポトーシスは、がんの予防や感染症の治癒にも関係している。がんは、細胞の無際限の分裂によって起こる。だから分裂能力を失った心筋細胞や神経細胞はがんにならない。正常な体内では分裂能力を有する細胞といえども、分裂様式はコントロールされていて無闇に分裂しない。分裂をコントロールしている遺伝子に異常が生じて、分裂を抑制できなくなった状態が、がんである。

細胞分裂をコントロールしているDNAに損傷が起こると、細胞ががん化する危険がある。p53というがん抑制遺伝子の一種は、DNAがうまく修復できずががん化しそうな細胞の中で機能を発揮して、アポトーシスで細胞を自殺させてしまう。ウイルスに感染した細胞もアポトーシスで殺される。細胞がウイルスに感染すると、ウイルスを分解してその断片を細胞の表面に出して、感染したことを知らせる。すると先に述べたT細胞の一種であるキラーT細胞がこれを見つけて、アポトーシスを導く分子を注入して、感染細胞を殺してしまう。疑わしき細胞や危険な細胞は殺してしまうのが、多細胞生物が生き続けるための戦略なのであろう。

ともあれ、人間を含む高等動物は、細胞の中に死のプログラムを組み込むことによって、生を可能にした存在であることは確かである。そうは言っても、もっと長生きしたいというのも大方の人間の望みであろう。それがどれだけ可能であるかどうかを議論する前に、人間の寿命と老化のメカニズムについて知る必要があろう。次章ではそのことを述べよう。

第3章 ヒトの寿命は何で決まるのか

分裂細胞の寿命は決まっている

ヒトの細胞は分裂回数五〇回が限界――ヘイフリック限界

高等動物の体は分裂性の細胞と非分裂性の細胞でできている。分裂性の細胞は生殖細胞を除いては分裂回数に限界がある。これはヘイフリック限界と呼ばれている。ヒトのヘイフリック限界は約五〇回。五〇回分裂を繰り返すと細胞はアポトーシスを起こして死んでしまう。

一方、ニューロン（神経細胞）や心筋細胞のような非分裂性の細胞にも寿命がある。すでに述べたように、これらの細胞は、それらを作り出す分裂細胞が成長と共にほとんどなくなるので、補充がきかず、その分寿命が長い。ヒトではニューロンや心筋細胞の最大寿命は百二十年と言われており、基本的にはこれとヘイ

哺乳類の寿命とヘイフリック限界の関係

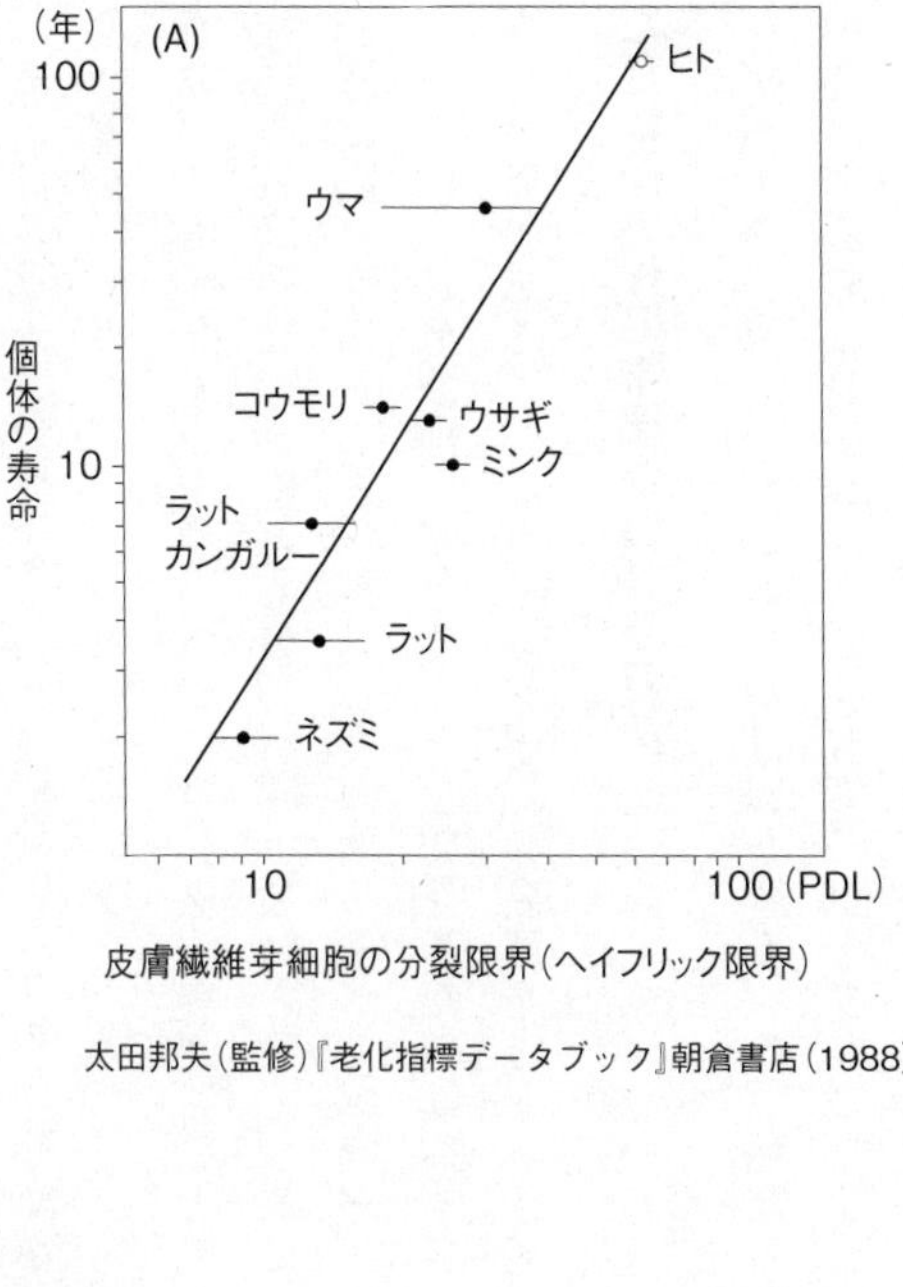

太田邦夫(監修)『老化指標データブック』朝倉書店(1988)より

フリック限界がヒトの最大寿命を決めているようだ。ヒトの非分裂細胞でも、たとえば皮膚の細胞や赤血球などの寿命は極めて短いが、これらは補充がきくので、個体の寿命には影響を与えない。

前章で記したように、少し前まではゾウリムシには分裂限界がないと思われていたわけだが、同様に多細胞生物の細胞にも分裂限界はないと考えられていた。ゾウリムシの分裂回数に限界があることを発見したのはソネボーンで一九五四年のことだ。一方、ヒトの細胞に分裂限界があることを発見したのはヘイフリックとムアヘッドで一九六一年である。ヘイフリック限界の名はそこからきている。

なぜ細胞分裂のたびに染色体の末端が切れるのか

ヒトの細胞に、なぜヘイフリック限界があるかはわかっている。私たちの染色体は線状で、その中心にあるのは長いDNAのひもである。ひもの先端部はテロメアと呼ばれ、テロメア配列と呼ばれるDNAの特別の配列の繰り返しからなっている。ヒトを含む哺乳類ではテロメア配列はGGGTTAである（DNAは、

T：チミン、A：アデニン、C：シトシン、G：グアニンの四種の塩基からなる)。

ヒトではこれが約千回並んでテロメアを形成している。実は染色体は細胞分裂のたびに末端が少しずつ切れて短くなっていくのである。末端のテロメアは染色体がほどけないような機能をもつだけのようで、この上に遺伝子は乗っていない(遺伝子とはタンパク質を作る情報を有しているDNAの断片のことをいう)ので、少々切れても細胞が死ぬようなことはない。しかし、どんどん切れてテロメアがなくなってしまえば、細胞はアポトーシスを起こして死んでしまう。テロメアのごく近傍にアポトーシスの発現を抑制する遺伝子が存在し、最終的にテロメアがなくなって切断がこの遺伝子にまで及ぶと、アポトーシスを抑制できなくなるからだと考えられているが、詳しいことは不明である。

細胞分裂のたびに、なぜ染色体の末端が少しずつ切れるのだろう。これはDNAの複製のメカニズムと関係している。染色体を構成するDNAは二本の鎖からなっている。鎖には方向性があり、互いにその方向は反対を向いている。専門用語でDNAの片方の側を5'、反対側を3'と呼ぶ。5'と3'の意味を説明すると長くなるので、ここではDNAの方向を示す記号だと思ってくれてよい。

細胞分裂の際には、まずDNAを複製して二倍にし、新しい細胞に等しく分けなければならない。複製は5'→3'の方向にしか進むことができないようになっている。すなわち、3'→5'のDNA鎖を鋳型にして5'→3'の新しい鎖を作るわけだ。新しい鎖を作るためにはDNAポリメラーゼという酵素が必要で、この酵素が鋳型のDNAの上を3'→5'方向に移動しながら新生DNAを5'→3'方向に作るわけである。

しかし、この酵素はいきなり鋳型のDNAに結合できず、そのためにはまずプライマーと呼ばれるRNAが鋳型のDNAの3'末端に結合する必要がある。DNAポリメラーゼはRNAプライマーに結合し、そこから新生DNA鎖を作るのだ。その際、プライマーが結合した鋳型のDNA末端部に対応する新生DNAは複製されないのである。すなわち、複製のたびにDNAの鎖は短くなる。

二本鎖のDNAが開裂しはじめると、3'→5'のほうのDNAに関しては、DNAポリメラーゼがその上をすべって、新生5'→3'のDNAがスムースに作られて

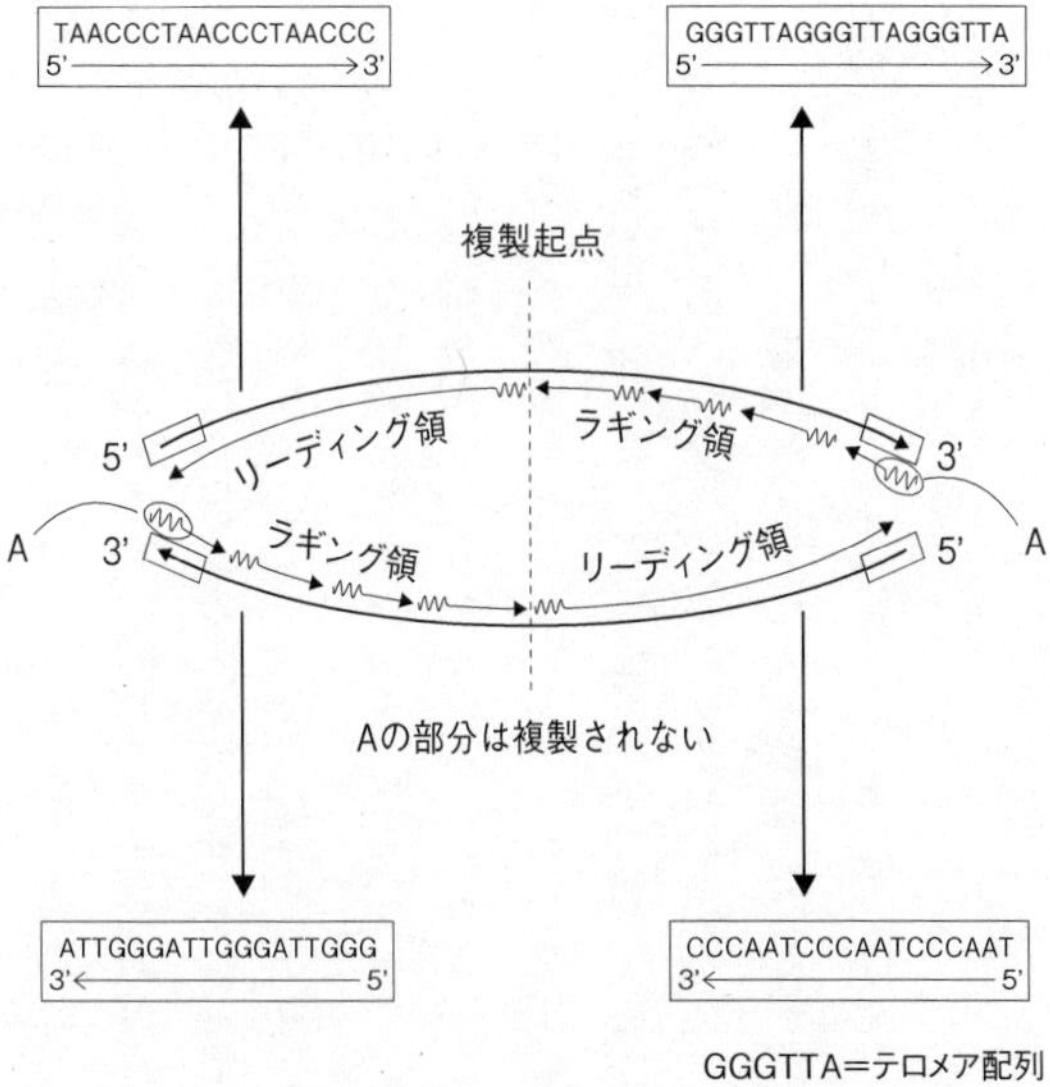

テロメア配列と末端の複製不可能問題

新しい二本鎖DNAが誕生する。一方、5'→3'のDNA鎖に関しては、少し開いては開裂方向と逆向きに5'→3'のDNA断片が少しずつ作られ、その後でこれらの断片がつなげられて新生DNAが完成し、同じく二本鎖DNAが誕生する。どちらの二本鎖DNAについても鋳型DNAの末端の3'部分に対応する新生DNAは作られないので、DNAの複製のたびに、すなわち細胞分裂のたびに染色体のDNA末端は少しずつ切れて短くなっていく。

ヒトでは、大体、五〇回細胞分裂が繰り返されるとテロメアが消失するというわけだ。ヘイフリック限界を他の動物で見てみると、マウスでは一〇回、ウサギでは二〇回、ウマでは三〇回、ガラパゴスゾウガメでは一〇〇回を超えるという。それに対応して、最大寿命はマウス三年、ウサギ十年、ウマ五十年、ガラパゴスゾウガメ二百年となる。と書けば、テロメアが短くならず、ヘイフリック限界がなければ、生物は不死になれるのではないかと思う向きもあるかもしれない。

不死の細胞——がん細胞と生殖細胞系列の細胞

この本の最初に、がん細胞について触れた。がん細胞は細胞分裂が止まらなくなったものだ。がん細胞も元をただせば正常な細胞だったわけで、染色体の末端はテロメアでできている。分裂すれば当然テロメアは短くなるはずで、ならば五〇回分裂して自滅してもよさそうではないか。なぜそうならないのか。

実は、がん細胞ではテロメラーゼというテロメアを再生する酵素の活性が高く、短くなったテロメアをすぐに元の長さに戻してしまうのだ。がんは私たちを死に至らしめる病だが、がん細胞自身はそういうわけで不死なのである。

私たちの体の中のもう一つの不死の細胞は、生殖細胞系列の細胞だ。この系列の細胞もテロメラーゼの活性が高く、分裂を重ねてもテロメアが短くならない。

世界最初のクローン羊・ドリーの名を覚えているだろうか。ドリーは普通の羊よりもはるかに早く老化して死んでしまった。その理由は、ドリーの作られ方を見ればわかる。ドリーはまず、Aという羊から取った卵細胞の核（この中に染色

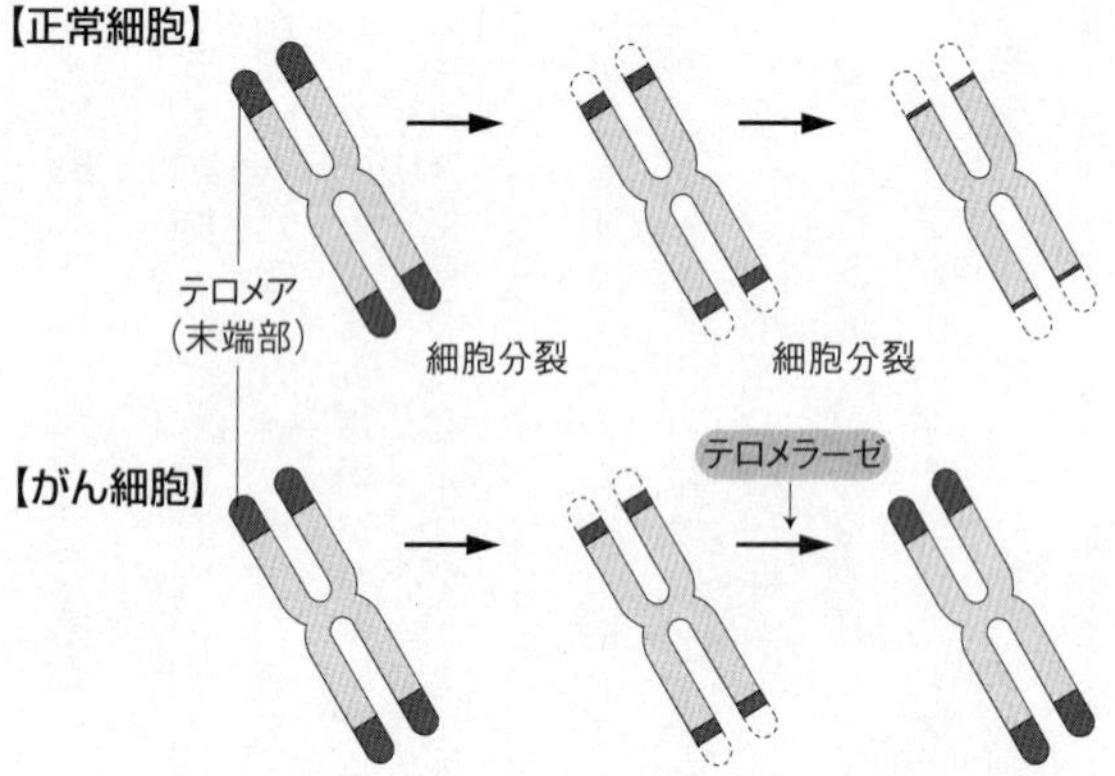

染色体のテロメア短縮

正常細胞ではテロメアが分裂のたびに短くなるが、がん細胞ではテロメアをすぐに元の長さに戻してしまう。

体が入っている）を取り出し、その代わりにBという羊から取った乳腺の細胞の核を入れ、この核移植卵をCという羊の子宮で育てたものだ。卵の中に入れた核は成体の羊から取ったものだ。ということはこの核の中の染色体のテロメアは、成長過程で何回も分裂して、かなり短くなっているはずだ。すでに短いテロメアをもった細胞からスタートしたドリーの寿命が、正常な羊に比べて短かったのは納得できる話である。

それに対し、有性生殖で子供を作れば、たとえ両親が年寄りであったとしても、生まれつき寿命が短いということはない。生殖細胞ではテロメアは短くならないからだ。

遺伝しない遺伝病

プロジェリア（早老病）という遺伝的に寿命が極端に短い病気がある。有名なのはハッチンソン＝ギルフォード症候群と呼ばれる優性の遺伝病である。普通の遺伝病は大体劣性である。相同染色体の同じ位置に同時に病因遺伝子が乗らない

クローン羊・ドリーの作られ方

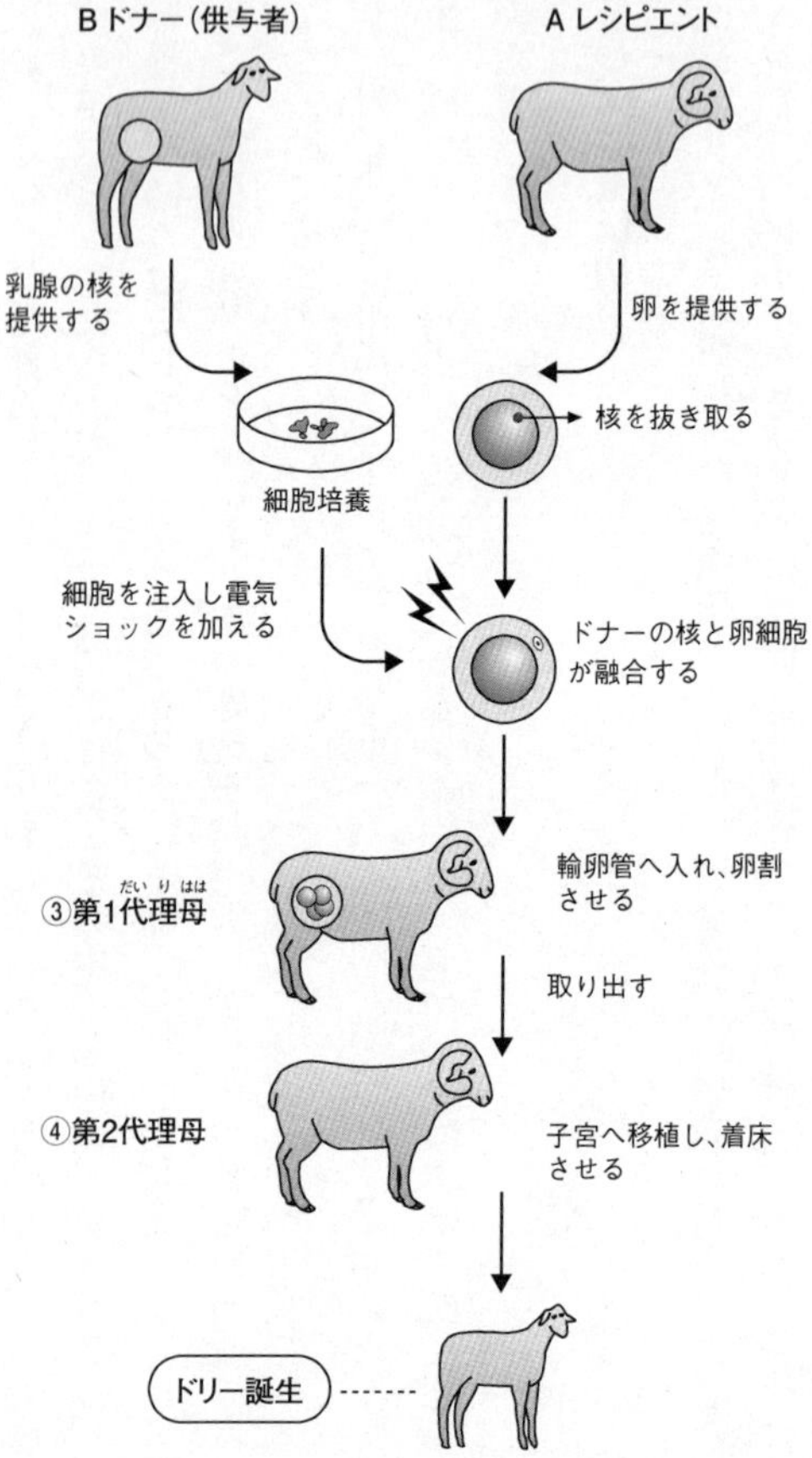

Bドナー(供与者)
Aレシピエント
乳腺の核を
提供する
卵を提供する
核を抜き取る
細胞培養
細胞を注入し電気
ショックを加える
ドナーの核と卵細胞
が融合する
③第1代《だい》理《り》母《はは》
輸卵管へ入れ、卵割
させる
取り出す
④第2代理母
子宮へ移植し、着床
させる
ドリー誕生

と発病しない。それに対し優性の遺伝病では、一つが正常遺伝子でも、もう一方が病因遺伝子だと発病する。

ハッチンソン＝ギルフォード症候群の患者は十五歳を超えて生きることが難しい。子供を作ることはまず考えられないので、病因遺伝子は世代を超えて伝わらない。ということは、この病気の両親は共に正常だったということだ。

この遺伝病は遺伝しない遺伝病なのだ。病気の出現確率はだから正常遺伝子が病因遺伝子に変わる突然変異率と同じである。八〇〇万人に一人ぐらいと言われている。プロジェリアの患者もまた、同年齢の正常な人に比べるとテロメアが短いことがわかっている。

テロメアが寿命を決めるのか？

ヒドラやイソギンチャクの体細胞や植物の細胞のように、延々と分裂可能な細胞もまたテロメアが短くならないものと思われる。それでは、テロメアさえ短くならなければ、細胞は死を免れるのかといえば、そうでもなさそうだ。

先に述べたヨツヒメゾウリムシではテロメアは短縮しないということだから、テロメアの長さとその短縮速度がすべての真核生物に共通な寿命時計というわけではなさそうである。ちなみにテロメア配列は哺乳類ではすべて共通でGGGTTAだが、他の生物では微妙に異なっており、繊毛虫類のテトラヒメナではGGGTTG、ゾウリムシではGGGTT、昆虫ではGGTTA、植物のシロイヌナズナではGGGTTTAである。

それではなぜ、高等動物はテロメアを細胞分裂のたびに短縮するというやり方で、分裂細胞に対して寿命をインプットしたのだろうか。私はネオ・ダーウィニストではないので、寿命をインプットされた生物が、寿命をインプットされなかった生物よりも適応的だったからといったようなつまらぬ答え方はしたくない。実際、寿命をインプットされなかったヒドラや植物は立派に生きているのだから、寿命をインプットされなかった生物が生き延びるのに不利だった、ということはあり得ない。

正解は恐らく、生殖細胞を除く分裂細胞に寿命をインプットした生物がたまたま出現したところ、運よくこの生物は滅びなかった、ということにすぎない。生殖細胞という形で不死性を担保しさえすれば、それ以外の細胞や個体に寿命があろうがなかろうが、自然選択はそのことに関与しない、という話を思い出してほしい。寿命があろうがなかろうが、長かろうが短かろうが、生殖細胞系列が生き延びさえすれば、これらの性質は淘汰されない。

進化のプロセスは多種多様

そもそも、遺伝子の突然変異と自然選択により徐々に進化するというネオ・ダーウィニズムの構図は、すべての生物の進化について等しく当てはまるものではない。有性生殖をする同一種の地域個体群の中に、たまたまAという変異が出現した。Aが適応的ならば、徐々に集団の中に拡がっていって、元々の性質を駆逐していくことだろう。あるいは、細菌が突然変異を起こして性質が変わったとして、元の細菌と同一の条件下で生活し、かつ元の細菌よりも適応的であるならば、元の細菌に徐々に取って代わっていくことだろう。これらは、遺伝子の突然変異と自然選択による漸進的な進化である。

しかし、ほとんどの進化はこのようなパターンをとらないと思う。特に大きな性質の変化であればあるほど、このような構図は無効であろう。

たとえば、細菌の性質が大きく変化したとしよう。性質が大きく変化すれば、今までとは異なる条件が最適な生活条件となることが普通だろう。元の細菌と新しく出現した細菌の最適生活条件が異なれば、競合は回避され、自然選択はどちらの生存も許容すると考えていけない理由はない。あるいは、有性生殖集団の中に特異な性質をもつ複数の個体が出現したとして、これらが元の集団と異なる生活要求をもてば、これらはすぐに別々の繁殖集団となり、共存することが可能だろう。

突然変異は偶然だから、特異な個体が同時に出現することはあり得ないという反論があるかもしれない。しかし、最初だけがまんして元の集団の相手と交配して、自分の性質を受け継いだ子供をたくさん作れば(多くの生物は多産である)、それらの子供たちだけでまとまって新しい環境で生活をはじめることは大いにあり得るに違いない。

生物は環境に合わせて徐々に性質を変えて進化していくよりもむしろ、性質が変わったので、仕方なく自分に最も適した環境を探すのだと思う。生殖細胞系列が生き残ることができさえすれば、たいがいの変異は許容されるのであろう。この世界に多種多様な生物が生存する根拠も恐らくここにある。

寿命と引き換えにヒトの可能性が開けた

体細胞系列に寿命を組み込み、アポトーシスの装置を備えつけることは、私見によれば、別段、適応的でも非適応的でもなかったに違いない。自然選択は寿命をもつことにも、寿命を組み込まないことにも、どちらにもさしたる味方をしなかったはずだ。ただ、寿命を組み込まれた生物はそれを条件にして生きる他はなくなったのだ。

しかし、ひとたび、寿命とアポトーシスが内蔵されている条件下で生きてみると、個体や体細胞の死と引き換えに、生物の前には様々な可能性が開けたのである。高等動物はみなこの恩恵の下で様々な装置を開発して、複雑なシステムとして生きている。別言すれば、細胞や個体の寿命の有限性という性質を高等動物から抜いてしまえば、高等動物のシステムは崩壊してしまうだろうということである。ヒトはなぜ死ぬのかという究極的な答えは恐らくここにある。

長寿を妨げる要因——病気になりやすい遺伝子

ヒトの寿命は百二十歳が限界？——長寿を妨げる要因

さて、分裂細胞の寿命はヘイフリック限界で決まっているとして、ニューロンや心筋細胞の最大寿命はどんなメカニズムで決まっているのだろうか。田沼靖一『アポトーシスとは何か』（講談社現代新書）は、こういった細胞の死をアポビオーシスと呼び、アポトーシスと区別しているが、その遺伝的メカニズムは残念ながらまだよくわかっていないようだ。

ともあれ、造血幹細胞や皮膚幹細胞の分裂限界や、ニューロンや心筋細胞の最大寿命が遺伝的に決まっているとするならば、抜本的な遺伝的システムの改造でもしない限り、ヒトはこれを超えて長生きすることはできない。実際、フランスのジャンヌ・カルマンさんの百二十二歳を超えて長生きした人はいないのだから、ヒトの最大寿命はせいぜい百二十歳ぐらいなのであろう。日本では百歳以上の長寿者の数は一九八〇年に約一〇〇〇人だったものが二〇一三年には五万四〇〇〇人を超えたが、最長寿の年齢は延びない。これは最大寿命が確率の問題ではないことを示している。しかし、さらに重要なことは多くの人が、可能な最大寿命のはるか手前で死んでしまうことだ。

もちろん、事故や感染症で死ぬのは不慮の死であり、寿命とはあまり関係ない。しかし、がんや動脈硬化症といった病気は、老化に伴って加速度的に増加していくので、種としてのヒトの最大寿命とは別に、個々人の寿命を決めているのは、こういった加齢に伴う病気に対する抵抗力の多寡だといってよいだろう。逆に言えば、老化を最大限に防ぐことができたら、多くのヒトが百二十歳まで生きられるかもしれない。

最大寿命の実現を妨げる要因はたくさんある。まず一般的に言えるのは、幹細胞の分裂回数は決まっているとして、分裂間隔が短くなれば早く死んでしまうということだ。たとえば、皮膚細胞や血液細胞の消耗が激しければ、これらを供給するために幹細胞はより速く分裂しなければならず、その結果、在庫がより早く尽きてしまうだろう。また、ニューロンや心筋では損傷や老廃物が蓄積するスピードが速ければ、細胞は最大寿命のはるか手前で死んでしまうだろう。消耗や損傷や老廃物の蓄積を加速する要因はいくつもあり、それらの多くは、生き続けるための副作用として生ずる。

私たちの体には、それらの副作用を除去する装置がいくつもあるが、もし、遺伝的にそれらの装置に欠陥があると、老化は標準より速く進むことになる。よく知られているように長生きの家系があり、これらの人々は老化を遅らせるすぐれた装置をもっていると考えてよい。好ましくない食習慣やストレスなどもこれらの装置を不調にする原因であり、よい遺伝的素因をもっていても、悪い生活習慣のために本来の寿命を全うできないこともあるだろう。また、不幸なことだが、一部の人はがんや糖尿病になりやすい遺伝的素因をもっており、この場合も最大寿命を全うすることは難しいだろう。

がんとは遺伝子の突然変異による分裂制御機構の崩壊

最大寿命を全うできない大きな原因の一つであるがんについてまず考えてみよう。一昔前まではがんの原因がよくわからず、ストレスとか感染症とかいろいろ議論があったが、今では、遺伝子の突然変異による分裂制御機構の崩壊であることがわかっている。

すべての人は原がん遺伝子と呼ばれる正常な遺伝子をもっている。これは細胞の分裂を進めるタンパク質を作る遺伝子で、正常な発生や幹細胞の分裂になくてはならない遺伝子である。正常な原がん遺伝子は分裂が必要な時だけ分裂を進めるタンパク質を作り、必要がなくなれば働きをやめる。ところが、この遺伝子が異常になってがん遺伝子に変わると、常に分裂指令を出し続けて細胞はがん化する。ニューロンや心筋細胞のような非分裂性の細胞では原がん遺伝子の働きが半永久的にマスクされていると考えられる。

遺伝子の突然変異は、放射線や紫外線あるいは様々な化学物質によって誘発され、さらにはDNA複製の際のコピーミスによっても起こるので、生き続ける限り完全には避けられない。加齢と共に原がん遺伝子が、がん遺伝子に変化する確率は高くなる。

がんを抑制する遺伝子、がんになりやすい遺伝子

ところで、がんに関連する遺伝子は他にもあり、なかでも、がんの発現を抑制するがん抑制遺伝子は重要である。原がん遺伝子、がん抑制遺伝子には共にたくさんの種類があり、不幸なことに一部の人々ではこれらの遺伝子（特にがん抑制遺伝子）が生まれつき異常である。

がん抑制遺伝子は、細胞の分裂を抑える作用をもっていたり、あるいは遺伝子に損傷が起きて修復不能になった細胞をアポトーシスで殺したりする機能をもつ。

著名ながん抑制遺伝子であるp53は、修復不能なDNAをもつ細胞をアポトーシスに導く遺伝子である。さらにこの遺伝子は、別のがん抑制遺伝子を活性化さ

せる機能も有している。p53に異常があると、発がんしやすくなることが知られている。ちなみに、乳がんの四〇パーセント、大腸がんの七〇パーセント、肺がんの五〇～八〇パーセントでp53に異常があるという。

長く生き続けるうちにp53に異常が起こる頻度は高くなるが、なかには不幸なことに生まれつきp53に異常がある人がいる。この人たちは、正常な人に比べて発がん確率が高く、期待寿命も短くなる。特定のがんの発現に関連する遺伝子が遺伝する場合があり、この家系は特定のがんを頻発する。よく知られているのは家族性乳がんや家族性大腸がんで、前者はBRCA、後者はAPCと呼ばれるがん抑制遺伝子の異常により起こることがわかっている。

ほとんどのがんには、発がんに関与している重要な遺伝子が七～八個あり、これらのがん関連遺伝子がすべて正常な人と生まれつき何個かに異常がある人では、がんになる確率が全く違う。

タバコを大量に吸っても肺がんにならない人もいれば、自分も家族もタバコを吸っていないのに若くして肺がんで亡くなる人もいる。大酒飲みでも胃がんにも食道がんにもならずに長寿を全うする人もいる反面、食生活に細心の注意を払っていても四十代で胃がんになる人もいる。親族が代々同じ種類のがんで死んでいるような場合は、がんになりやすい遺伝子の組み合わせが伝わっている可能性が高い。

家族性の乳がんや大腸がんの遺伝子をもっていることが検査によってわかった場合、発がん年齢までに臓器を除去して、発がんを防ごうとする手荒な予防法がある。家族性のがんは悪性度が高いのである。

三十代の前半で乳腺をすべて除去してしまえば、たしかに乳がんにはならないかもしれないが、クオリティー・オブ・ライフは極端に落ちることになる。発がん確率が九〇パーセントもあれば多くの人は切除を決断するだろうが、数パーセントであれば危険を覚悟で切除しない人のほうが普通であろう。悩ましいのは三〇パーセントくらいの時だろう。切るべきか切らざるべきか。悩みは深いはずだ。

個々人により発がん確率に差があるとはいえ、がんは生きていることの副作用として起こるので、これを予防することは今の技術では難しい。

しかし、原因はほぼ判明しているので、将来的には予防や治療に画期的な希望がもてるかもしれない。がんを克服しても、ヒトの最大寿命は延びないだろうが、平均寿命は五～六歳延びる。がんの予防と治療の将来の可能性については次章で述べよう。

老化をもたらす要因とは

不老不死の技術はどこまで可能か

次いで、老化の話をしよう。老化は基本的には生き続けること、すなわち代謝の結果生ずる副産物によって引き起こされるので、これを防ぐことは極めて難しい。

私たちの体の中では、生殖細胞だけが老化をリセットできて若返ることができる。それ以外の体細胞すなわち多少とも特化した細胞をコンプリート（完全）に若返らせることは現在のところ不可能である。

それが原理的に不可能なものなのか、それともいつの日かリセットする技術すなわち不老不死の技術が開発できる可能性があるのかはわからない。ただし何度も言うように、ヒトの種としての最大寿命は遺伝的にいわばヒトという種のシステムとして決まっているので、このシステムの枠内にとどまる限り、私たちができることは、恐らく老化を最大限遅らせることだけなのではないかと思う。別言すれば、老化の速度が最大限ゆっくりだった人、それが最長寿者ということなのだろう。

活性酸素による細胞の機能低下

さて、代謝の結果、不可避に生ずるのはフリーラジカルと呼ばれる危険分子である。これはミトコンドリアで行われる酸素呼吸の結果生ずる。

ミトコンドリアは、糖などの基質を分解して生きるためのエネルギーを作っている。基質から電子を奪って最終的に酸素に渡すプロセスで解放されるエネルギーを使ってＡＴＰ（アデノシン三リン酸）を作る。ＡＴＰは体内でエネルギーが必要な際に使われる通貨のようなもので、これなくしては、私たちは一瞬たりとも生きられない。

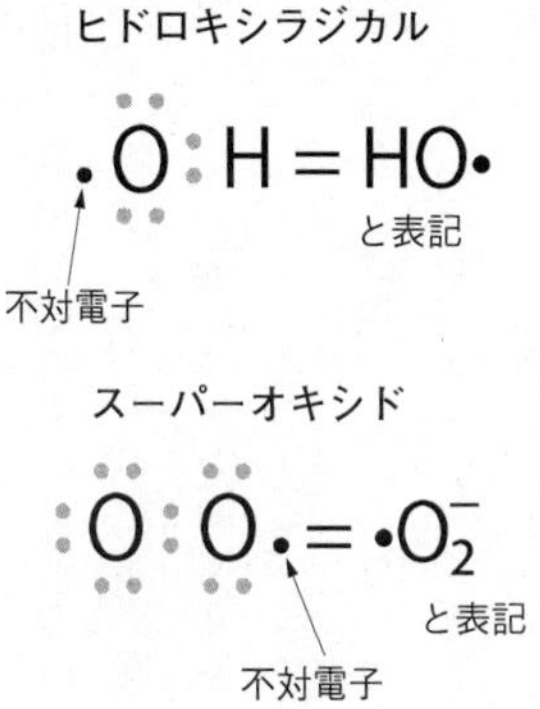

フリーラジカルの構造

スーパーオキシド、ヒドロキシラジカルは共に不対電子をもち、他の分子から電子を１つ奪って安定しようとするために、他の分子と激しく反応する。すなわち他の分子を酸化させる。

フリーラジカルは、電子を基質から奪って酸素に渡すプロセスの通り道で不可避に生ずる。電子を渡された酸素は、スーパーオキシドに変わり、次いで過酸化水素、ヒドロキシラジカル、そして最後に水になり安定する。このうち、スーパーオキシド、ヒドロキシラジカルはフリーラジカルと呼ばれ、他の分子と激しく反応する性質をもつ。酸素原子の周りの電子の数が安定しておらず、安定を求めて他の分子に付着する。すなわち他の分子を酸化させるのである。また過酸化水素はフリーラジカルではないが、やはり他の分子を酸化させる機能をもつ。これらはまとめて「活性酸素」と総称される。

活性酸素は細胞の中の重要な分子と結合して、細胞の機能低下をもたらす。もちろん細胞はフリーラジカルや過酸化水素を無毒化する酵素をもっている。

たとえば、前に述べたペルオキシソームは過酸化水素を分解する細胞内小器官である。しかし、活性酸素を無害化する酵素活性は歳と共に低下するといわれている。私たちは生き続けるためにミトコンドリアを働かせてATPを作り続けざるを得ないので、フリーラジカルや他の活性酸素による老化は防げない。

先に、C・エレガンスという線虫には野生型より長生きする突然変異体が存在すると述べた。この長寿線虫ではdaf16という遺伝子が活性化していることがわかっている。この遺伝子は他の遺伝子たちのスイッチをオンにしたり、オフにする調節遺伝子で、この遺伝子により活性化される遺伝子の一つは、スーパーオキシドを除去する酵素を作っている。単純にいえば、フリーラジカルを除去する酵素活性が高い線虫は長生きするということだ。同じような現象は、アカパンカビでも知られており、長寿系統は抗酸化酵素の活性が高いという。

それでは、人為的に抗酸化酵素を投与すれば寿命は延びるかというと、なかなかそうもいかない問題がある。一つは、フリーラジカルは外から侵入してきた異物の排除に重要な役割を果たしていることだ。もう一つは、フリーラジカルはシグナル分子としても働いていることだ。無闇に抗酸化剤を与えると、かえって寿命を縮めることになりかねない。

ミトコンドリアの酸化的リン酸化（酸素呼吸でATPを作る反応）で生じたフリーラジカルは、まずミトコンドリアのDNAや膜を酸化させて傷つける。そこで、機能不全になったミトコンドリアはさらにフリーラジカルを発生させ、この悪循環により生じた大量のフリーラジカルにより老化が加速度的に進むと、以前は考えられていたが、どうもこの説は間違いのようだ。

フリーラジカルにより膜に傷がついたミトコンドリアは、リソソームに見つかって速やかに分解処分されてしまう。リソソームは加水分解酵素をもつ小さな一重膜の細胞内小器官で、細胞外から取り込んだ基質（細胞の食物など）を分解して栄養源にしたり、細胞内の不要物を分解してリサイクルに回したりしている。

傷ついたミトコンドリアは速やかに分解されるので、ここからフリーラジカルが大量に細胞質に放出されることはない。欠陥ミトコンドリアが処分されてミトコンドリアが足りなくなると、残った健全なミトコンドリアが分裂して数を増やす。ミトコンドリアは自己増殖能を有しているのである。

フリーラジカルがもたらす老化

それではフリーラジカルと老化の関係はどうなるのか。これについてはオーブリー・デグレイが説得力のある理論を展開しているので、ここではその概略を紹介しよう（オーブリー・デグレイ&マイケル・レイ『老化を止める7つの科学』高橋則明訳、NHK出版）。

たくさんあるミトコンドリアの中には、フリーラジカルでDNAが大きく壊されて酸化的リン酸化ができなくなるものがある。ミトコンドリアDNAにある遺伝子は、主として酸化的リン酸化に関与している。このミトコンドリアは、もはやフリーラジカルを生産しないのでリソソームに分解されることもない。健全なミトコンドリアは、フリーラジカルを生産するのでいつの日か膜を傷つけてリソソームに破壊されないとも限らないが、完全欠陥ミトコンドリアは、常に生き延びてミトコンドリア全体の数が少なくなれば分裂して増殖する。その結果、稀な確率ではあるが、細胞内のミトコンドリアが全部酸化的リン酸化ができない欠陥ミトコンドリアになってしまうことがある。

　細胞内のすべてのミトコンドリアで酸化的リン酸化ができなくなると、細胞はエネルギーを得る手段がなくなり生き続けることが不可能になりそうに思えるが、不思議なことにこの細胞は死なずに生き続けるのだ。

　実は酸化的リン酸化の前段階として、基質から電子をはずす作業をしなければならないが、このプロセスはＴＣＡ回路と呼ばれる。ＴＣＡ回路ではずされた電子は、とりあえずＮＡＤという分子に渡される。電子を渡されたＮＡＤはＮＡＤＨという分子になり、この後で電子を酸化的リン酸化のプロセスに渡し、ここでたくさんのＡＴＰが作られ、自身はＮＡＤに戻る。ところが酸化的リン酸化が阻害されると、ＮＡＤＨはＮＡＤに戻ることができなくなる。そうなると細胞は不調になる。

細胞が生き延びるためには、NADHのH（水素：水素の原子一つには一つの電子がくっついている）を誰かに渡してしまわなければならない。ミトコンドリアの酸化的リン酸化のプロセスは壊れているので、別の担体を探すことになる。

ここで登場するのが、PMRS（細胞膜酸化還元系）というシステムである。PMRSはNADHからHを受け取り、NADHをNADに戻すと同時に、Hを細胞膜の外側の酸素に渡す。このプロセスはミトコンドリアで行う酸化的リン酸化の代用プロセスなのでATPが生産されて、細胞は生き延びることができる。

老化にとっての問題は、PMRSが酸素にHを渡す時に起こる。酸素分子（O_2）に四つのH（すなわち四つの電子）を首尾よく渡せれば、二つのH_2O（水）が生じて問題は何も起こらない。しかし、電子を首尾よく渡せないで取りこぼすと、スーパーオキシドが細胞膜の表面で発生する。

細胞内で発生するフリーラジカルは、細胞内の分子を酸化するだけで、その影響は細胞内に留まる。細胞膜の外側で発生するフリーラジカルもその近辺の分子を酸化するだけなら問題はあまりないだろう。なぜなら、ミトコンドリアが完全欠陥になる細胞はほんのわずかなのだ。ところが、細胞の外には毛細血管が網の目のように張りめぐらされている。血液中に存在して全身をぐるぐる回る分子が酸化されると、影響は全身に及ぶだろう。

悪玉コレステロールＬＤＬの正体

フリーラジカルによって、酸化されて全身に悪影響を及ぼす分子としていちばん重要なのは、「悪玉コレステロール」として知られるＬＤＬであるようだ。ＬＤＬは組織に必要なコレステロールを運ぶ役割をもつ重要な分子なので、酸化された欠陥ＬＤＬが多くなると体のあちこちで不調が起こることになる。

たとえば、それは成人病の一種として知られるアテローム性動脈硬化症の原因となる。ＬＤＬはコレステロールを必要な細胞に届ける役割をもつが、細胞表面のＬＤＬ受容体と結合することで、はじめて細胞の内に入ることができる。遺伝的にＬＤＬ受容体が欠損していると、ＬＤＬとそれに連れられたコレステロールが細胞に入れず、家族性高コレステロール血症という病気になる。

ところで、LDLがフリーラジカルで酸化されたり、血糖と反応して糖化（糖化については後述）されたりして異常になると、LDLどうしが結びついて受容体に結合できなくなり機能しなくなる。血液中にはマクロファージというゴミを処理する免疫細胞があり、欠陥LDLはマクロファージによってどんどん食べられる。マクロファージが欠陥LDLをうまく処理できればよいのだが、欠陥が大きくなると処理できなくなる。

先に細胞の内にはリソソームと呼ばれる細胞内小器官があり、加水分解酵素により不要な細胞内のゴミを分解していることを述べた。欠陥LDLもマクロファージのリソソームで分解されるが、欠陥がひどくなるとうまく分解できなくなり、ついには細胞内に変質したLDLが溜まりすぎて、マクロファージは死んでしまう。

欠陥LDLが増加すればこのプロセスは加速度的に進み、血管の壁にはコレステロールがつまって死んだマクロファージがたくさん付着し、これがアテローム斑となるのである。ＬＤＬを悪玉コレステロールという所以《ゆえん》は、これが多すぎると欠陥ＬＤＬもよりたくさんできやすくなり、動脈硬化がより速く進むからだ。血管の壁に付着したアテローム斑がはがれて、血液中を流れていき血管をつまらせれば、そこから先へは血が回らなくなり梗塞を起こす。脳や心臓で梗塞が起こると時に致命的となるのは周知の通りである。

マクロファージ以外の細胞でも、フリーラジカルや糖化によって変質した分子は、加水分解酵素が作用するサイトが変形してしまうので、リソソームで分解できず、細胞の中に蓄積されていく。再生可能な細胞では細胞分裂すればゴミは娘細胞に分割されて半分になるので、ゴミの蓄積速度がそれほど速くなければ重大な問題にはならない。しかし、心筋細胞やニューロン（神経細胞）では、どんなにゆっくりでもゴミは加齢と共に不可避的に蓄積されていく。

アルツハイマー病はベータアミロイドが原因だった

次いで細胞外のゴミの話をしよう。アルツハイマー病として知られる老人病は脳のニューロンの周りにベータアミロイドと呼ばれるタンパク質が付着してニューロンの機能を奪う病気である。ベータアミロイドもまた正常な生命機能の副産物として不可避的に出現してくる物質だ。

アルツハイマー病の起こる分子的機序は大体わかっている。ＡＰＰ（アミロイド前駆体タンパク質）と呼ばれる脳の活動（たとえば記憶）に重要な役割を果たしているタンパク質がある。ＡＰＰは一定の役割を果たした後で速やかに分解される。ＡＰＰを正常に分解する酵素は、当然ＡＰＰを無害な切片に分解し、リサイクルに回す。

ところが、この酵素に似ているが本来は別の働きをする酵素があり、ＡＰＰは時にこの間違った酵素によって分解されてしまうことがある。間違って分解されたＡＰＰはベータアミロイドとなり、アルツハイマー病の原因となる。ベータアミロイドは粘着性が強く、互いにからみ合ってニューロンの間に入り込み、ニューロンの働きを阻害して、アルツハイマー病を発症させる。

遺伝的にＡＰＰを過剰に作ってしまう人や、ＡＰＰを正常に分解する酵素を作る遺伝子に変異があると、アルツハイマー病になりやすくなる。もちろん、正常な人でもAPPが間違って切断されるのを完璧に防ぐのは不可能なので、加齢と共にベータアミロイドが蓄積してくるのを防ぐことは難しい。

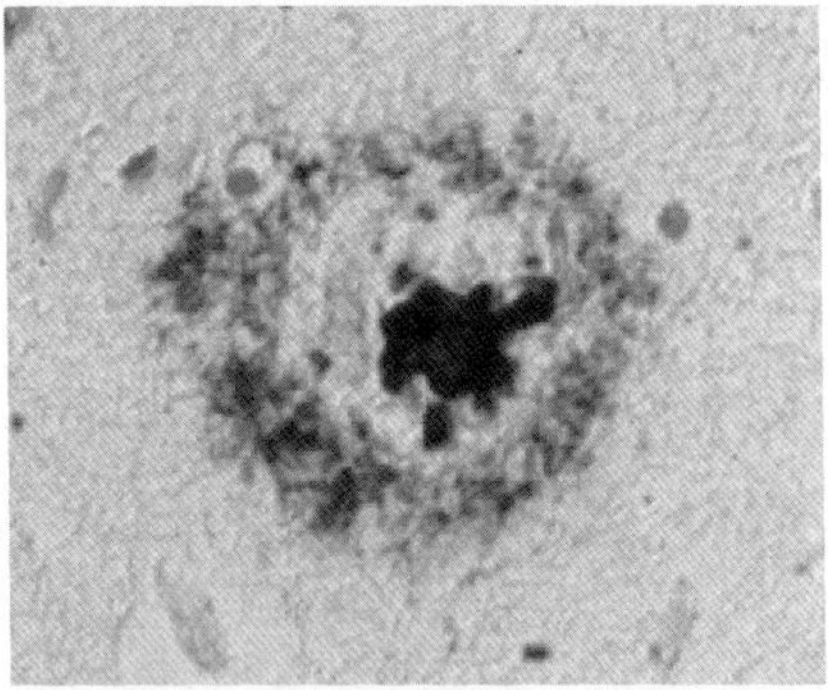
免疫組織化学染色で見られるベータアミロイドからなる老人斑。（信州大学医学部、池田修一教授提供）

ベータアミロイドを除去する画期的な技術が開発されない限り、アルツハイマー病以外のすべての病気から逃れたとしても、私たちはいつかベータアミロイドにつかまって痴呆になって死ぬのである。

アミロイド線維と糖化による老化

ベータアミロイド以外のアミロイド線維も老化の原因となる。どんなタンパク質もフリーラジカルによる酸化や糖化によりアミロイド線維になる可能性があるので、加齢と共にアミロイドーシス（アミロイド病）になる確率は増大していく。アミロイド線維は脳ばかりではなく心臓などの他の臓器にも蓄積する。百歳を超えた超高齢者の死因のかなりは、アミロイドーシスによるものだと考えられている。

老化を推進する原因はまだまだある。次は糖化である。生存のために糖は極めて重要な物質で、私たちは基本的に糖を分解してエネルギーを得ているといってよい。そのため血液中には糖がたくさんある。糖が上手にエネルギー源として使われていればよいのだが、時に糖はタンパク質と結合してしまうことがある。そうなると糖を媒介としてタンパク質は次々とくっつき合って最終的にＡＧＥ（糖化最終産物）と呼ばれる物質になり、タンパク質の機能は失われる。

たとえば、目の水晶体にＡＧＥが蓄積すると白内障になる。糖尿病の人は血中の糖濃度が高く、ＡＧＥを作りやすいので老化が速く進む。ＡＧＥが蓄積すると組織は硬くもろくなり、血管は切れやすくなる。

免疫系の劣化――悪質なＴ細胞の増加

さて、この章の最後の話題は免疫系の劣化についてである。免疫系の細胞はすでに述べた造血幹細胞から作られる。T細胞、B細胞、NK細胞、そしてマクロファージをはじめとする食細胞が免疫系の細胞である。

T細胞は自己と非自己を区別する重要な機能をもつ細胞である。幹細胞で無闇にたくさん作られて、胸腺で教育される。幹細胞でたくさん作られたT細胞の内で、非自己のみを攻撃する役に立つものは実はごくわずかで、九五パーセント以上のT細胞は無能な奴か、さもなくば自己を攻撃する危険な奴である。胸腺がこれらの無能分子や危険分子を見つけ出してアポトーシスで殺す話はすでにした。これは教育というより殺戮だが、殺戮を免れて出てきたT細胞は、病原菌から体を守る頼もしい戦士となる。

ところが胸腺は加齢と共にどんどん退縮するのだ。胸腺の機能が減衰すると、ヤクザなT細胞が血中に増え、免疫機能が落ちてくる。この機能低下は単に外部の敵をやっつける能力の衰退というにとどまらず、自己を攻撃するT細胞の増加というやっかいな側面をもつ悪質なものである。また胸腺の教育とは直接関係ないが、がんを殺す機能をもつNK細胞の数も加齢と共に急激に減少してくる。

胸腺の退縮を止めれば、免疫系の劣化は防げるのだろうか。実験的に若い動物の胸腺を老いた動物に移植すると、一時的に免疫機能は回復するが、まもなく移植された胸腺は退縮して元のもくあみになってしまう。逆に老いた動物の胸腺を若い動物に移植すると、退縮していた胸腺は勢いを取り戻し、正常に機能するようになる。体のどこかに胸腺の大きさをコントロールするプログラムが書かれているのだろうか。それとも一般的な老化の結果、蓄積した有害な分子により退縮させられるのだろうか。真相は未だヤブの中だ。

T細胞のアネルギー（無能力）

次にT細胞のアネルギー（無能力）という問題がある。膨大な種類のT細胞はそれぞれ一つの種類の抗原に対応しており、抗原を見つけると、これをやっつけるために分裂して増殖する。そして抗原を退治すれば、ほんのわずかの記憶細胞を残してアポトーシスで死んでいく。しかし、老化が進み、アポトーシスの命令を下す免疫細胞が機能しなくなると、無用のT細胞が居坐るようになる。

さらに具合が悪い事態も起こる。免疫系が抗原をやっつけられずに病原体が体内に残存し続けると、T細胞は抗原を攻撃できないアネルギーとなってしまうのだ。たとえば、ヘルペスウイルスとかサイトメガロウイルスは、完全には排除できないウイルスのようで、これらのウイルスに対するT細胞はアネルギーになってしまうことが多いという。

アネルギーは本来は自己を攻撃しないためのセキュリティーだったようなのだ。というのは胸腺の教育は必ずしも常に完璧とはいえず、ごく少数の自己反応性のT細胞が逃れ出てしまうらしい。老化が進んで、自己反応性のT細胞が多くなると、これらの一部は先に述べたように実際に自己を攻撃してややこしい事態を招くわけだが、免疫系が健全なうちは、これらのT細胞はアネルギーになって、自己を攻撃しないらしいのだ。

免疫系は常に存在する抗原をあまり攻撃しないという性質をもっている。常に存在する抗原のほとんどは自己抗原だからだ。若い時は、病原体は比較的短期間で排除されてしまうので、それでも問題はあまり生じない。しかし、老化すると、本来アネルギーを起こすべき自己抗原に対して攻撃をしかけ、本来攻撃すべき外来性の抗原に対してアネルギーとなる場合があるのだ。かくして老人の免疫系は徐々に崩壊していくのだ。

正常に生き続けていることこそ老化の原因

以上見てきたように、老化は正常な生命維持装置の機能の副産物として不可避に生ずるので、完璧に予防することは難しい。さらに先に少し触れたように、DNAの突然変異を防ぐことは原理的に不可能だということもある。非分裂性の細胞ではDNAの修復装置がないため、DNAの損傷や変異は防げない。分裂性の細胞では、細胞分裂の際に多少の修復は可能でも、DNAの複製自体が新しい突然変異を発生させる原因でもあるので、これまた、DNAは無傷というわけにはいかない。

昔、山梨県のさる老人会で講演を頼まれて、「いちばん体に悪いのは生きていることです」と言って大方の顰蹙《ひんしゆく》を買った覚えがあるが、正常に生き続けることこそが老化の原因だというのは決してウソではないのである。

第4章　ヒトの寿命は延ばせるか

がんを予防する生物学的発想

最大寿命にいかに近づくか

ヒトの平均寿命を延ばす最も簡単な方法は、長寿の家系だけを人為選択することだ。ショウジョウバエで同じことをした実験がある。ショウジョウバエの標準的な寿命をもつ系統から長命のものを選んで交雑を繰り返すと、何世代か後には安定的な長寿系統を作ることができる。長命になる遺伝子の組み合わせが人為的に選択された結果である。

ヒトでも、たとえば曾祖父母八人の平均死亡年齢が九十歳以上の人しか子供を作ってはいけないと法律で決めて、従わない人間を厳罰に処せば、将来の平均寿命が延びることは間違いない。しかし、残念ながらあなたの寿命は延びない。もちろん、ヒトではこんな暴力的で非人道的な実験はできないけれど。

しかし、多くの人が知りたいのは、未来の人類の寿命ではなく、現在生きている人の寿命を延ばせないかということだろう。ほとんどの人は、ヒトという種の最大寿命まで生きられないので、まずは最大寿命にいかに近づくかという話からはじめよう（最大寿命そのものを延ばせるかについては後半で述べる）。

遺伝子検査をすれば予防は可能か

遺伝的にがんや糖尿病になりやすい人がいる。この人たちの期待寿命は、最大寿命はおろか平均寿命よりもはるかに短いだろう。現在では遺伝子検査をすれば、これらの病気になりやすいかどうかはある程度わかる。糖尿病の因子のある人は発症前にカロリー制限などの予防的な措置をとれば、発症を免れたり遅らせたりできるだろう。がんの場合、予防はそれほど簡単ではないが、将来的には手術や抗がん剤以外のよりよい治療法も発展するだろう。

家族性乳がんや家族性大腸がんは、がん抑制遺伝子の欠損により起こることがわかっている。先に述べたがん抑制遺伝子p53の異常は、様々ながんの発症に関与しているので、生まれつき異常になっている人は発がん確率が高くなる。

遺伝子を調べれば、異常の有無は簡単にわかるようになるだろうが、すべての細胞の異常遺伝子を正常遺伝子に差し替えるのは不可能なので、予防は相当難しそうだ。しかし、いずれ画期的な技術が開発されて個々人の遺伝子異常に応じた予防が可能になるかもしれない。

現在の予防医療は、すべての人が同じ体質を有しているとの前提の下で行われているが、将来的には個々人の遺伝子を解析して、それぞれの個人に対して最も効果的な予防法を施すといったオーダーメイド予防が主流になるであろう。

たとえば、現在ではタバコを吸うことは万人の健康にとって等しくよくないということになっているが、タバコを吸っても百歳以上生きている人もいるわけで、タバコを吸っても寿命が縮まない人もいることは確かであろう。むしろ、あるタイプの人は（たとえば、肺がんになるリスクが遺伝的に低く、精神的ストレスに弱い人）、タバコを吸ったほうが長生きするのではないかと思う。

がん細胞はなぜ増殖するのか?

がんは基本的に一つの細胞が、がん細胞に変化することからはじまる。すでに述べたように、がん関連遺伝子が突然変異を起こして異常になると分裂を制御できなくなり、ねずみ算式にがん細胞が増えていく。

突然変異は放射線や薬物によっても誘発されるが、多くはDNAの複製時すなわち細胞分裂時に起こる。突然変異したがん遺伝子は、それまで体内に存在したタンパク質とわずかに異なるがんタンパク質を作ると思われるので、通常、がんは免疫系によって排除される。特にNK細胞(ナチュラル・キラー細胞)はがんを見つけ次第殺してゆく。

ではなぜ、がん細胞が増殖してゆくのだろう。免疫の攻撃を免れるべく何か特別なことをしているのだろうか。

免疫系がターゲットの抗原を認識するためには細胞の表面にあるMHC(主要組織適合抗原)という特別なタンパク質の上に提示されている抗原を見つける必

要がある。たとえば、ウイルスに感染した細胞は、ウイルスを分解してその断片を自身の細胞の表面にあるＭＨＣ上に提示する。免疫系はこれを見つけて感染細胞をアポトーシスで殺してしまう。

ところが、攻撃されないがん細胞の中にはＭＨＣがないものがあるらしいのだ。こうなると免疫系はがんを攻撃できなくなる。先にがんは一つの細胞が、がん化することからはじまると述べた。しかし、常に同じ性質をもち続けるとは限らない。がん細胞はどんどん分裂するので、この間に様々な突然変異が生ずる確率は少なくない。

最初は転移能力をもたなかった比較的良性のがんが、分裂を繰り返すうちに転移能力を獲得することは割合普通の現象といわれている。恐らく何回も分裂を繰り返しているうちに突然変異を起こしたのであろう。

ＭＨＣの欠損もこういった突然変異の一つとして生ずるのかもしれない。当然のことだがＭＨＣも細胞の遺伝子によって作られるのだ。がんは増殖しながら徐々に性質を変えてゆく。ほとんどのがんは免疫系から逃れられずに、大きくなる前に絶滅してしまうのだろう。しかし稀に突然変異により免疫系をだます変異細胞が出現すると、この細胞系列だけが生き残って、がんはより悪性になっていく。MHCの欠損はその一つである。他にも自己抗原と見分けがつかないような抗原を表面に装って免疫系の攻撃を免れるものもある。

一般によく知られていることだが、抗がん剤の投与によって一時がんが消失しても運悪く再発すると、同じ抗がん剤は効かないことが多い。突然変異によって抗がん剤耐性をもつがん細胞が生じ、この系列だけが生き残って増殖したのだ。これは基本的に細菌が薬剤耐性を獲得するメカニズムと同じである。

一般に感染症はマイルドになる方向に進化する。致死率九〇パーセントの病原体と致死率一〇パーセントの病原体があったとして、個体群中に拡散する確率は後者のほうがはるかに高い。致死率が高い病原体は、すばやくホストを殺してしまうため、個体群中に拡散せず、自然選択は致死率の低い病原体に有利に働くのである。

しかし、がんにはこの話はあてはまらない。がん細胞が他の個体に感染することはないので、一つの個体の体内では増殖能の強い、すなわち悪性度の高い変異をもつがん細胞ほど有利なのである。一人の個人の体内で発生したがんは生き延びる限り、自然選択によりどんどん悪性になっていくのだ。

がんの転移を防ぐ方法

もし、発症したがんを現在よりもはるかに有効に治療することができるのであれば、平均寿命を少し延ばすことは可能だろう。先にがんの転移について触れたが、転移しないがんは基本的に人を殺すことはない。がんが分裂する細胞にのみ発生することはすでに述べたが、いちばん発生しやすいのは消化管の上皮を作り出す幹細胞であろう。幹細胞ががん化して消化管の表面にがんを作っても、がんが遠隔転移をしないで、その場所でのみ大きくなっていくだけなら、手術で除去してしまえばいいわけで命に別状はない。

ところが、がんが大きくなり上皮の下の基底膜を破ってがん細胞が毛細血管に入り込むと、がん細胞は血流に乗って遠くの臓器まで運ばれ、そこに転移巣を作るのだ。転移がんは致命的になりやすい。転移さえ防げれば、かなりのがん死は防げるはずだ。

転移のメカニズムはほぼわかっている。悪性になったがん細胞は基底膜を溶かす酵素を作り出すのだ。基底膜はコラーゲンというタンパク質でできており、転移能のあるがん細胞はコラーゲンを分解する酵素を作り出すのである。稀に、初めからこの能力をもつがんもあるが、多くは増殖途中の分裂の際の突然変異により、この能力を獲得するようだ。但し臨床的に発見された、初期がんと言われるもの（直径一センチくらい）は、実は本当の意味での初期がんではなく、すでに一〇億個のがん細胞の塊りで、この時期までに転移能力を獲得しなかったものは、その後も簡単には転移性のがんにならないと思われる。

ここまでわかれば、原理的には転移を防ぐ方策を考えることができる。コラーゲン分解酵素を無効にする物質をがん細胞に送り込めばよいわけだ。がん年齢になったら定期的にこの酵素を注入すれば、がんが発生しても転移は防げるかもしれない。難しいのは、この物質が見つかったとして、これをいかにして首尾よくターゲットのがん細胞に送り込むかである。

がん遺伝子の働きを止めることはできるか?

ところで、すべてのがんでは原がん遺伝子ががん遺伝子に変異して、細胞分裂を推進するがんタンパク質を絶えず作り続けている。したがって、がん遺伝子の働きを無効にすることができるなら、がんの分裂を止めることができるだろう。

そこで考えられるのはmiＲＮＡ（マイクロＲＮＡ）を利用する方法である。遺伝子はタンパク質を作る情報を有しているＤＮＡの一部であり、ヒトでは全ＤＮＡの数パーセントを占めているにすぎない。残りは以前はジャンクＤＮＡといわれていたが、結構重要なＤＮＡもあるようで、そのうちの一つはmiＲＮＡを作り出すＤＮＡである。これは何をしているのかといえば遺伝子をコントロールしているのだ。

遺伝子が機能を発揮するためには、まずその情報をmＲＮＡ（メッセンジャーＲＮＡ）に写す必要がある。タンパク質を作る工場は細胞質にあるリボソームと

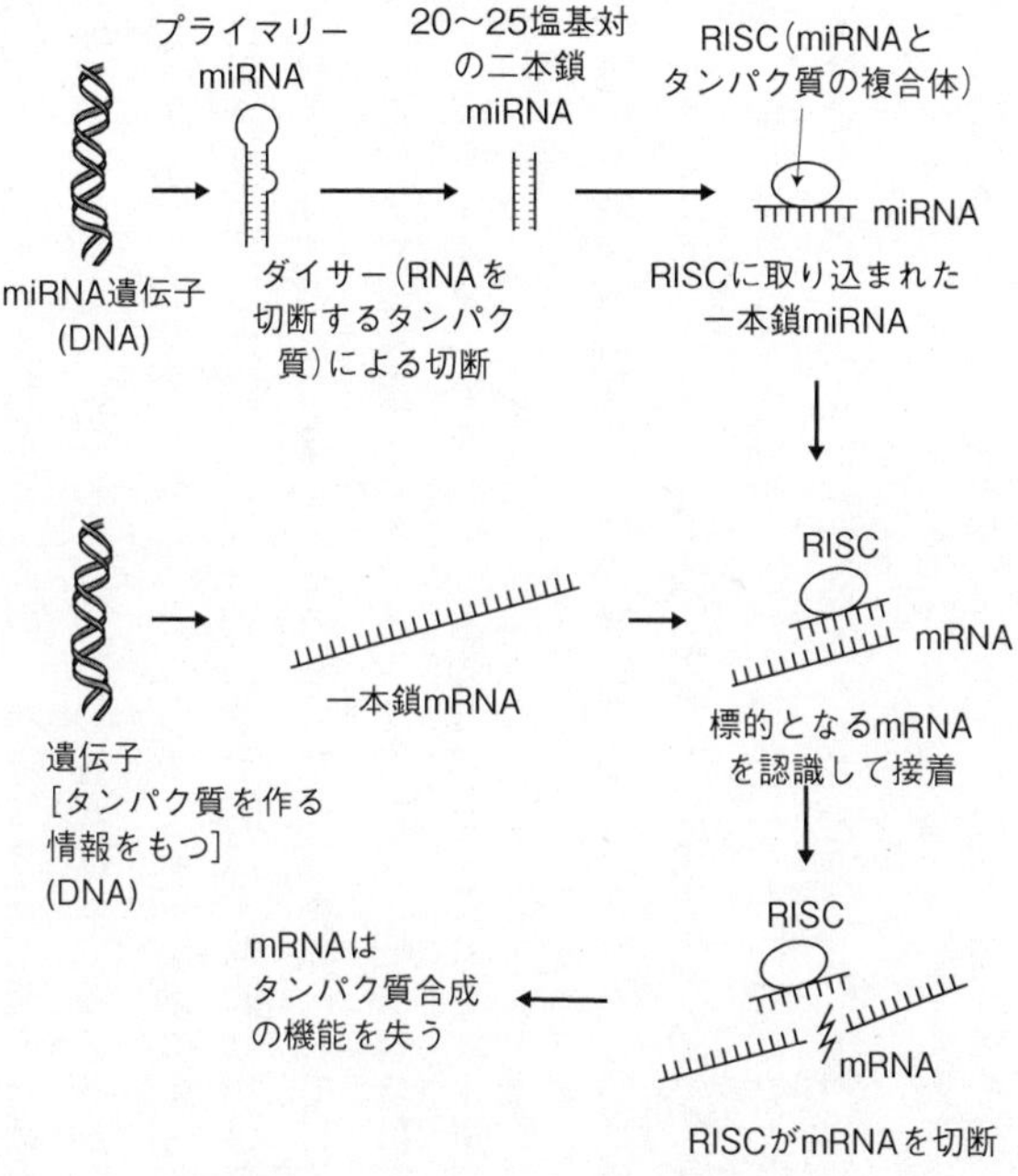

miRNA（マイクロRNA）による遺伝子の発現制御；
タンパク質を合成する情報をもつmRNAを破壊する。

いう粒子で、DNAは核から細胞質に出ることができないので、mRNAが遺伝子の情報をリボソームに伝えるのだ。DNAは二本鎖であるが、RNAは通常は一本鎖で、私たちの体内では二本鎖になると切断されてしまうようだ。

miRNAは遺伝子が作るmRNAに部分的に相補的な短いRNAで、対応するmRNAを見つけると結合してその部分だけ二本鎖にしてしまうのだ。するとmRNAは切断されて機能しなくなる。すなわち、miRNAは私たちの体内で遺伝子をコントロールする方法の一つなのである。これをがん遺伝子を無効にするために利用するのだ。

がん遺伝子が作るmRNAに相補的なmiRNAを人工的に作って、これをがん細胞に届けることができれば、がん遺伝子はがんタンパク質を作ることができず、がん細胞は分裂し続けることが不可能になるのではなかろうか。問題はここでも先ほどと同じで、人工miRNAをどうやってがん細胞に導入するかであろう。

さらには、テロメラーゼを無効にするという方法もあるだろう。何度も述べたように、がんはテロメラーゼが強く活性化されていて何回分裂しても分裂限界に達しない細胞である。テロメラーゼを無効にすれば、五〇回分裂して自滅するに違いない。

しかし、これに関しても難題は一緒で、がん細胞だけでテロメラーゼを取り除くことができるかどうかだ。がん細胞、生殖細胞以外にも幹細胞でも実はテロメラーゼはわずかながら活性化されており、テロメラーゼの抑制が全身の細胞で起こると、がんは殺せても大変やっかいなことになる。

いずれも現在はまだ実用化されてはいないが、将来がん細胞だけにターゲットを絞って攻撃することができるようになれば、がんの治療は大きく進み、平均寿命もかなり延びると思われる。延びても、まあ数年だけれどもね。

老化を遅らせる方法

活性酸素を制御する

次に老化を遅らせる方法について考えてみよう。

老化を遅らせると称する、世間に喧伝されている方法はたくさんある。「タバコは吸うな」「大量に酒を飲むな」「早寝、早起き」「適度な運動をしろ」などなど。しかし、これらの方法が万人にとって有効であると科学的に確かめられているわけではない。健康によいと言われていることをすべて守っても早死にする人もいれば、いい加減に生活していても長生きする人もいる。がんや老化を防ぐ食べ物といった話もよく聞くが、気休め程度のものでしかない。かつて、ホルモン療法で若返りを試みようとした時代もあったが、性ホルモンを投与しても、性欲は亢進するかもしれないが寿命は延びない。

本質的な意味で老化を遅らせるためには、第3章で述べた老化の原因を除去することを考えるのがいちばんの王道である。最初は、代謝の結果、必然的に増大する活性酸素を制御できないだろうかという話である。すでに述べたようにC・エレガンスやアカパンカビの長寿系統は活性酸素を除去する酵素の活性が高いことが知られている。そこで人工的に活性酸素除去酵素を導入してやれば老化を防げるのではないかとの発想がわく。

C・エレガンスやアカパンカビの長寿系統で活性化しているのは、SOD（スーパーオキシドジスムターゼ）と呼ばれる酵素で、これはスーパーオキシドを酸素と過酸化水素に変える酵素である。ヒトでももちろんこの酵素は存在し、体重あたりのカロリー消費量に対するSODの活性が、他の動物に比べてかなり高いといわれている。ヒトは体重と代謝活性が同じくらいの他の動物に比べ、相対的に長寿であるが、その原因の一つは、あるいは高いSOD活性にあるのかもしれない。

スーパーオキシドはSODにより酸素と過酸化水素に変えられるが、過酸化水素も活性酸素のため、これもまた速やかに分解されねばならない。過酸化水素を分散する酵素はカタラーゼと呼ばれ、前に述べたようにペルオキシソームと呼ばれる細胞内小器官に含まれている。ショウジョウバエにSODとカタラーゼを過剰に作らせると寿命が延びるという報告がある（SODだけを増やしてもあまり効果がないという）。ヒトでも同じことをやれば期待がもてるかもしれない。

マウスでは、ミトコンドリアにカタラーゼをコードする遺伝子を導入すると、ミトコンドリアDNAの欠損の進行状況をかなり遅らせることができ、寿命が最大で二〇パーセントも延びたとの報告がある。マウスはショウジョウバエやC・エレガンスと違って哺乳類であり、その代謝や老化システムはヒトと同じだと考えてさしつかえないので、この方法はヒトにもかなり有効であろうと思われる。ただし、第3章でも述べたように、抗酸化剤をむやみに投与するのは副作用が大きいと思われるので、カタラーゼをミトコンドリアでのみ発見させることが成功のカギとなろう。

カロリー制限

代謝の結果、活性酸素がある程度発生するのはやむを得ないとして、この影響を減らすのにSODやカタラーゼを投与するといった医学的な方法ではなくて、もっと手軽にできる方法はないのだろうか。実は誰でも一人でできる簡単な方法が一つだけあるのだ。カロリー制限である。

カロリー制限がラットの寿命を多少とも延ばすことはずっと以前から知られていたが、その原因は不明であった。最近、カロリー制限はSODやカタラーゼの酵素活性を高める働きがあるのではないかといわれていて、そうであるならば、これがいちばん安上がりな老化防止法といえそうだ。

私見によれば、もう一つ重要なことは、カロリー制限により血糖値が下がることだ。血液中の糖が時にタンパク質を糖化してAGE（糖化最終産物）を作る話はした。血糖が少なければAGEの量も減るわけで、多少とも老化を防ぐことができるだろう。糖尿病の人やその因子をもっている人が長生きするには、カロリー制限が最も簡便な方法である理由も、AGEの生産を減少させるからだ。

ただし、真面目に取り組むためには、ただカロリー制限をするだけではだめで、必要な栄養物は摂らなければならない。さもなくば、栄養失調でかえって寿命を縮めることとなろう。もっとも、飽食に慣れた現代人にカロリー制限という方法が果たして可能かは大いに疑問だけれどもね。うまい物食わずに少々長生きしてなんぼのものか、と言われそうだね。

細胞内のリソソームにたまるゴミを処理する

次いで、細胞内に蓄積していくゴミをうまく処理できないかを考えよう。

細胞内のゴミを分解する細胞内小器官は、リソソームという直径一マイクロメートル（一ミリメートルの千分の一）ほどの一重膜の小胞で、この中に加水分解酵素が入っている。加水分解酵素には様々な種類があり、分解すべき基質やゴミの種類によって使い分けられている。この酵素を作る情報はもちろん核のDNAの遺伝子上にあるわけで、生まれつき遺伝子に異常があると、リソソーム病（リソソーム蓄積症）という遺伝病になる。リソソーム病には様々な種類があり、現在四〇種ほどが知られている。

糖質を分解できないものにポンペ病というリソソーム病があり、リソソーム中にグリコーゲンが蓄積される。これは劣性遺伝（相同染色体の両方とも異常にならないと発病しない）することがわかっている。糖脂質を分解できないリソソーム病はリピドーシスと呼ばれ、ゴーシェ病とテイ・サックス病の二つがよく知られている。

ゴーシェ病はリソソーム酵素の一つであるグルコセレブロシダーゼの遺伝的欠損により起こるもので、肝臓や脾《ひ》臓が腫れて貧血を起こしやすくなる病気で、その原因はリソソーム中に分解されない糖脂質が蓄積されることである。乳児型、若年型、成人型の三タイプがあるが、いちばん重篤な乳児型は治療をしなければ致命的である。テイ・サックス病もβ－ヘキソサミニダーゼAというリソソーム酵素の欠損により起こることがわかっていて、先天性神経変性を起こす。いずれも稀な病気で劣性遺伝をする。

リソソーム病からわかることは、リソソーム中の物質を速やかに分解できないと、細胞は機能障害を起こし、場合によっては個体を死に至らしめることだ。たとえ、リソソーム病でなくとも、フリーラジカルや糖化によって変性した脂肪やタンパク質の中にはリソソーム中の分解酵素によっては処理できないものがあり、これらは加齢に伴い徐々に増加してくる。これらのゴミはまとめてリポフスチンと呼ばれ、不可避的にリソソームの中に蓄積されてくる。

たとえば、老齢の霊長類の心筋細胞を調べると、容量の一〇パーセントをリポフスチンが占めるという。老化と共にリソソームの中のリポフスチンが徐々に増加し、これを除去する方法を私たちの体はもっていない。

リポフスチンが蓄積されて機能障害を起こすのは、繁殖が終わったずっと後なので、自然選択はリポフスチンを除去する装置を開発することに冷淡だったのである。繁殖が終わった後では個体が生き延びようとすぐに死んでしまおうと、子供を残すにあたって、どちらかの性質がより有利であることはないから、自然選択が体細胞からリポフスチンを除去する方向に味方することはなかったわけだ。

別の言い方をすれば、リポフスチンが蓄積した結果、不死の生殖細胞系列が生きていけないようであれば、自然選択はこれを除去する装置を開発せざるを得ないということだ。たとえば、アメーバではリポフスチンの蓄積したリソソームは細胞外に排出されるという。単細胞の真核生物であるアメーバは、単細胞の個体自体が生殖細胞でもあるので、ここにどんどんリポフスチンが蓄積すれば、不死であるべき細胞系列が不死でなくなってリソソーム病で死んでしまう。役立たずのリソソームを捨てられなければ、アメーバは種として亡んでしまう。

リソソーム病を治す方法

一方、ヒトでは老人がリソソーム病でボケようが死のうが、種の存亡には何の関わりもない。しかし、個人としてのヒトは、たとえ近未来に人類が亡びようとも、私の命を少しでも延ばしたいと考えるほうが普通かもしれない。さてどうするか。

リソソーム病を治すやり方は原理的に二つあって、一つはアメーバと同様に役立たずのリソソームを細胞外に捨てることだ。もう一つはリポフスチンを分解できる酵素を探してこれを投与することだ。

前者はかなり難しいだろう。というのは、アメーバの細胞外はいきなり外部だから細胞から外に捨てさえすればよいが、ヒトの細胞外は大体は血液中である。すると役立たずのリソソームを細胞外に捨てる装置をまず開発し、次いで血液中で処理して体外に排出する装置を開発しなければならない。これは、かなりめんどうくさそうである。

後者の方法はより望みがありそうだ。高等動物では、例外なくリポフスチンが蓄積して老化するので、リポフスチン分解酵素を作る遺伝子は私たちの体には備わっていないだろう。あるとすれば微生物だ。土壌中の細菌の中には、私たちが分解できないリポフスチンを分解できる細菌がいるらしい。たくさんいる従属栄養細菌の中には、動物の死体や排泄物を食料にしているものがあり、これらの中の一部は死体の中のリポフスチンを分解できるようだ。ならば、この酵素を見つけ出し合成して、体内に入れればよい。

幸い近年、ゴーシェ病の治療では、欠損酵素を定期的に注入することで、かなりの成果をあげられるようになった。この酵素の標的はゴミを積極的に食べて、リソソームで分解しているマクロファージである。ゴーシェ病ではマクロファージのリソソームが酵素欠損のため機能していないのだ。

問題はリポフスチンを分解できる酵素が微生物から見つかったとして、この酵素をマクロファージに届けられるかどうかだ。細胞はそれぞれ必要な分子だけを取り込む機能を有しているが、そのために細胞の表面に門番を立ててよけいな分子が入らないようにしている。そこで治療に必要な酵素を届けるためには、門番をだませばいい。具体的には、通行許可証をもっている分子にくっついて一緒に中に入ってしまえばいいわけだ。

老化に伴って、誰でもある程度は進行するアテローム性動脈硬化症は、分解できない欠陥LDL（酸化LDLや糖化LDL）をリソソームにため込んだマクロファージが血管壁に付着することで生ずるので、リポフスチンを効率よく分解できる酵素を見つけさえすれば、ゴーシェ病の治療法を応用できそうだ。

脳に酵素を届けることは難しい

通常の血管中のマクロファージに対してはこの方法が使えそうだが、いちばん難しいのは、脳に酵素を届けることだ。多くの神経変性疾患（パーキンソン病、ハンチントン病、アルツハイマー病）では、患者の脳にリソソームの機能欠損が見られるので、リポフスチン分解酵素を脳に送り届ければ、これらの病気の症状は改善されるだろう。

しかし、よく知られているように、脳には極めて厳密な脳関門があり、やたらな分子は入れないようになっている。前記のゴーシェ病の治療でも、脳・神経系に症状が出たものは治療成績が思わしくないという。

脳の血管の細胞膜はグルコースやアミノ酸などは自由に通すけれど、細胞膜の中にトランスポーターと呼ばれるタンパク質が埋め込まれており、これが番兵のような役割をしていて、これに気に入られた分子でないと脳内に入れてもらえないのだ。いずれ技術が進めば、トランスポーターをだまして脳内に入り込む方法が考案されるかもしれないが、今のところは難しそうだ。

細胞内のゴミをすべて除去するのは難しい

ここまでの話は細胞内のリソソームにたまるゴミをどう処理するかということだ。文章で書けば簡単そうだが、本当にどこまでうまくゆくかは定かでない。というのは酵素を導入するという、いわば暴力的な方法は、体内の高分子たちの微妙なバランスの上に成立している動的平衡を乱す恐れが強いからである。単純に言えば副作用だ。何かをはじめる時に人はメリットになることは懸命に考えるが、デメリットについてはあまり考えない。デメリットは計画を実行に移してはじめて気がつくことが多い。

もう一つの問題は、リソソームが分解できないリポフスチンの種類はものすごくたくさんあるであろうから、それをすべて除去するためには、体内には存在しない酵素を次々に導入しなければならないことだ。これを完璧にやるのはほとんど不可能である。よって、細胞内のゴミをすべて除去するのは難しいだろう。

といっても、希望がないわけではない。非分裂性の心筋細胞やニューロンに蓄積するゴミや血管壁のアテローム斑を減らせないまでも、少しでも増加を抑えることができたなら、老化を先延ばしにできることは間違いないと思われるからだ。

細胞外のゴミを除去する方法

次に、細胞外のゴミを除去する方法について考えてみよう。ベータアミロイドはアルツハイマー病の人の脳に蓄積される細胞外のゴミで、ことさらアルツハイマー病になりやすい人でなくとも、徐々に増えることがわかっている。それ以外にも種々のアミロイド線維がアミロイドーシス（アミロイド病）の原因となるので、これらを除去することができれば、老化はかなり防げるのではないだろうか。

脳の中には小膠《こう》細胞というマクロファージによく似た免疫系の食細胞があり、これがベータアミロイドを取り込んで分解していることが知られている。ただしアルツハイマー病の患者では、分解速度がベータアミロイドの増殖速度に追いつかないので、病気の進行は止まらない。小膠細胞を活性化してベータアミロイドをどんどん消化できるようになれば、病気の治療に希望がもてるし、老化の防止にも応用できるだろう。

問題はどうやって小膠細胞を活性化させるかだろう。マウスにヒトのベータアミロイドを導入すると、マウスのベータアミロイド斑が消失したという報告があるので、ヒトでも適当な抗原刺激を与えれば、小膠細胞が活発になってベータアミロイド斑が消える可能性もある。ただし、免疫系は複雑でしかも個々人によって微妙に異なる履歴を有しているので、無闇に外部から抗原を注入すると思わぬ副作用が起きる恐れがある。

免疫系の活性化によってアミロイドーシスを治療できるようになり、さらに老化を抑制できるようになるまでにはまだ長い試行錯誤が必要であろう。

ＡＧＥ（糖化最終産物）を分解する物質を開発する

ＡＧＥ（糖化最終産物）の蓄積もまた老化の大きな原因である。タンパク質に糖が張りついて、そこにさらにタンパク質が張りついてといった具合に、タンパク質が互いに結合して流動性を失い、組織が硬化してゆくのだ。

先にＡＧＥの形成を抑えるのにカロリー制限が多少とも有効かもしれないと述べたが、血液の中の糖を無にすることはできないので（糖は特に脳の重要なエネルギー源なので血糖値がある限度を超えて下がるとヒトは意識を失ってしまう）、ＡＧＥが徐々に形成されてくるのを防ぐ術はない。

そこで、ＡＧＥの形成を予防するよりも、むしろＡＧＥを分解する物質を開発するというのはどうだろうか。そんな物質はあるのだろうか。アルテンオン社という製薬会社が開発したアラゲブリウムという薬は、実際ＡＧＥを切断する作用をもつようだ。アラゲブリウムを投与されたラット、イヌ、サルでは急激なＡＧＥの減少が見られたという。しかし、投与を止めるとＡＧＥは再び元に戻る。Ａ

GEは切断されただけで、切断片は未だ強い結合能力を有しているようだ。AGEのレベルを低く保つには、アラゲブリウムを投与し続ける必要がある。

動物実験でうまくいったアラゲブリウムには大きな期待がかけられて、ヒトに対する臨床実験が行われた。しかし、結果は成功というにはほど遠かった。他の動物で効いたほどヒトには効かないのだ。理由ははっきりわからないが、AGEの種類にはある程度、種特異性があって、アラゲブリウムはヒトのAGEにはあまり有効でなかったのかもしれない。

その他にも、老化を抑制し寿命を延ばす方法はいろいろ考えられていて、将来的には実用化されるものもあるだろうが、ここに述べたような方法では恐らく最大寿命は延びないだろう。

ヒトの最大寿命は、ヒトというシステム自体に組み込まれていると思われるので、フリーラジカルによる酸化を抑えたり、ゴミの蓄積を抑制したり、次々と発生するがんをもぐらたたきのように取り除いたりするだけでは、最大寿命近くまで生きることはできても、最大寿命そのものを延ばすことは難しい。

人体システムの改造計画

ヒトの最大寿命を延ばすためには、ヒトの体の中で不可避的に進行している老化を進めるシステム自体を変える必要がある。果たしてそんなことは可能なのだろうか。第3章で触れたオーブリー・デグレイとマイケル・レイの本（『老化を止める7つの科学』ＮＨＫ出版）には人体システム改造計画とでも称すべきすさまじい方法が書いてあるので、まずはそれを簡単に紹介して私見を述べたい。

がんをなくす方法——テロメラーゼを除去する

最初にがんの発生をなくす方法について述べよう。がんは遺伝子の突然変異により起こるので、すでに述べたような通常の方法では予防をするのは困難である。また、発生したがんを治療できたとしても、いずれまた新たながんが発生してくる確率は高く、がんによる死亡をなくすことはできないだろう。

だから、がん死をゼロにするためには、がんが発生しないようなシステムに人体を改造する以外にない。いちばん根本的なのは、がんが発生する分裂細胞からテロメラーゼをすべて除去すればよいのである。テロメラーゼがなければ、分裂の後にテロメアを伸ばすことができず、がん細胞といえども五〇回のヘイフリック限界以上は分裂できず自滅するに違いない。

テロメラーゼは当然ながら核のDNAによってコードされており、生殖細胞とがん細胞以外では通常機能していない。ただし、分裂性の幹細胞では、多少ともテロメラーゼが働いているようだ。

テロメラーゼを働かせないためには、テロメラーゼの遺伝子をノックアウトしてしまえばいいわけだ。マウスなどでは遺伝子操作で特定の遺伝子をノックアウトする技術が確立されているので、これをヒトに応用すればよい。

すべての細胞でテロメラーゼをノックアウトすれば、原理的にはたしかにがんで死ぬことはなくなるだろうが、体性幹細胞、すなわち造血幹細胞、皮膚幹細胞、消化管の幹細胞、肺の幹細胞などでテロメラーゼが全く働かないと、最大寿命より大幅に早く分裂限界に達する恐れが強い。特に困るのは精子を作る細胞は分裂し続けているので、テロメラーゼを除去するとテロメアの短いDNAをもった精子が作られたり、精子形成が阻害されたりすることだ（卵形成は胎児の時に進行し、生まれた時にはほぼ終わっているのでその後でテロメラーゼが除去されるのであれば問題はない）。

オーブリー・デグレイは、すべての細胞からテロメラーゼを除去する前に精子を冷凍保存しておけばよいと主張している。さらに、定期的に体性幹細胞を体に注入してやれば、テロメラーゼがなくても幹細胞が底をついて困ることにはならないと論じている。しかし、事はそう簡単ではないと思う。

まず、すべての細胞からテロメラーゼを除去するには、たしかにこの遺伝子をあらかじめノックアウトすればよいわけだが、ノックアウト人間を作るためには、倫理的な問題は別としても、通常は発生のごく初期に遺伝子工学的な処理をする必要がある。すなわち、現在生きている人間には役に立たないということだ。

大人になってから、すべての細胞のテロメラーゼを無効にするのは相当難しそうだ。もし何らかの操作でこれが可能ならば、それ以前に精子を冷凍保存し、体性幹細胞を取り出して保存しておくことは可能だろう。相当な手間と金がかかりそうで、近未来に実現する可能性はほとんどないだろうけどね。

ただし、体性幹細胞を分裂を抑制したままで保存することができたなら、老化した幹細胞の代わりに移植することは若返りの方法としては極めて有効であろうと思われる。ただ、がんの発生は防げない。ヒトの細胞システムを変更してまで長生きしようという方法を、すでに生きている人間に適用するにはいささか無理がある。六〇兆個もの細胞のシステムをすべて取り替えるのはほとんど不可能であろう。

これから生まれるヒトの細胞システムを改造して超長寿人間を作ろうということは、もしかしたら可能かもしれないが、現在、生きている人々が、そういったプロジェクトに資源を投入することに同意するとは思えない。人々の最大の関心は自分の長生きの方法なのだ。

核DNAにミトコンドリアDNAの情報を転移する

もう一つ、オーブリー・デグレイが提唱している方法は、ミトコンドリアDNAの遺伝子を核に移すことだ。

前に述べたように、ミトコンドリアで行っている酸化的リン酸化は不可避に活性酸素を作り出し、ミトコンドリアDNAを破壊する可能性を秘めている。第3章で述べたように、ミトコンドリアが不調になると、様々な分子の酸化を通して老化が進む。そこで、ミトコンドリアDNAが壊れて機能しなくなっても大丈夫なように、核DNAにミトコンドリアDNAの情報を転移して、バックアップにしようというわけだ。

第1章で述べたように、元来ミトコンドリアは細菌由来で、最初に細胞に入ってきて共生をはじめた大昔には、ミトコンドリアの遺伝子はかなり大量にあったと考えられている。それが現在、ヒトではタンパク質をコードしているミトコンドリアの遺伝子は一三個しかない。残りは進化の過程で、ミトコンドリアから核に遺伝子が転移されたのだろう。

さらに、この一三個の遺伝子のコピーを核に転移すれば、ミトコンドリアDNAが活性酸素で壊されても、核DNAからのバックアップにより、ミトコンドリアの酸化的リン酸化はつつがなく進むというわけだ。

ミトコンドリアの中で働いている多くのタンパク質（酵素）は、主に核DNAによって作られたものだ。一三種のタンパク質だけがミトコンドリア遺伝子によって作られ、これは主に酸化的リン酸化に使われている。ミトコンドリア自体の遺伝子が不調になっても、核DNAのバックアップから作られたタンパク質が首尾よくミトコンドリア内に届けられれば、酸化的リン酸化は問題なく進み、酸化的リン酸化の不調による老化は防げる。

ミトコンドリアがすべて健全に働いていれば、LDL（悪玉コレステロール）が酸化されて動脈硬化が進行することも防げるに違いない。これはなかなかいいアイデアだと思えるが、やはりいろいろと問題がある。

まず、ミトコンドリアで使っている遺伝子暗号と、核で使っている遺伝暗号は少し違うので、これをうまく直して、同じタンパク質が作られるように修正する必要がある。

次にもっとややこしい問題がある。ミトコンドリアの一三個の遺伝子がコードしているタンパク質は疎水性のタンパク質なのだ。疎水性のタンパク質は水に遭うと丸まってしまって機能しなくなる。細胞の中は水だらけだから、リボソームで作った疎水性のタンパク質をどうやって無事にミトコンドリアに届けるかは大問題である。そもそも、ミトコンドリアの一三個の遺伝子がコードするタンパク質が疎水性であったが故に、この遺伝子たちは、たとえ核に入ったからといって自身がコードするタンパク質をミトコンドリアに届ける術がなく、核に転移できなかったのかもしれないのだ。

最後の問題は、遺伝子改造で新しい人間を最初から作るつもりならばともかく、現在生きている人間のすべての細胞において、核DNAにミトコンドリアDNAの遺伝子を転移することはほとんど不可能なので、ミトコンドリアDNAの核への転移は限定的なものになるしかない。たとえば、ミトコンドリアが完全に不調になって酸化的リン酸化ができなくなった細胞だけをターゲットにできる方法があればよいのだが、それも現時点では極めて難しいと考えざるを得ない。

超長寿人間は作れない？

ヒトというシステムを変えて超長寿人間を作る試みは、すでに現行のシステム下で生きている人間では首尾よくいかず、胚を新システムに改造したところから出発する以外にないだろう。だが、この胚が育って超長寿を獲得したとして、問題はこのヒトは果たして人間なのだろうかという点にある。

システムを変更して生きられるからには、その影響は広範囲に及び、人間とは思われない生物が出現する可能性だってゼロではないだろう。もっとも、私見によれば、いちばんありそうな結末は、結局うまくいかないというものだ。

私たちの体は機械ではないので、機能を一つ一つの部品（たとえば、遺伝子やタンパク質）に還元することができない。オーブリー・デグレイが述べている方法は、還元主義的、機械論的な考えに基づいているので、複雑系の最たる存在であるヒトの体に適用するのは元々無理なのかもしれない。

というわけで、残念ながらヒトの最大寿命を延ばすという試みに、望みはほとんどないと思う。もちろん、最大寿命に徐々に近づく試みには大いなる希望があるだろう。

第5章

長寿社会は善なのか

平均寿命があと二十年延びたら?

不老社会の平均寿命とは

まず、ヒトが老化しなくなったら年齢構成はどうなるかを考えてみよう。

老化しないということは死なないということではない。生きている限り、事故や感染症、食物不足で死ぬ個体は必ずいる。死すべき運命にないバクテリアでさえ、死ぬ個体はたくさんいるわけだから、これは仕方がない。ただ老化をしなければ、死亡率はほぼ一定になり、年齢による差はなくなるだろう。

仮に年間死亡率が〇・一パーセントであったとしよう。これは先進国の三十歳ぐらいの人の実際の数値である。三十歳でも九十歳でも死亡率に差がないと、九〇パーセントの人は百歳以上生きる。五〇パーセントの人は六百九十歳まで生き

（すなわち、これが平均寿命となる）、二五パーセントの人はその倍の千三百八十歳まで生きることになる。七二億人からなる地球上の最長寿者の年齢は、二万歳をはるかに超えることになりそうだ。

不運にも五十歳や百歳で死んだ人と、幸運にも二万歳を超えて生きた人とでは、格差があまりにもありすぎる。事故や感染症や食物不足以外で死なないとすると、金持ちは飢えて死ぬことはあり得ないにしても、事故や感染症にかからないように万全の注意をするに違いない。セキュリティーにお金をかけられない人と金持ちの平均寿命の差は拡大するだろう。

現在は年収一〇億円もの超金持ちも、年収二〇〇万円に満たない人も、平均寿命にさして差はない。金で寿命は買えないのだ。不老社会になるということは、この前提が崩れることを意味する。最終章はこのあたりの話からはじめよう。

個人の遺伝情報をどう扱うか

最初に、老化やがんが防げるようになりはじめた近未来に何が起こるか予測してみよう。生まれつき長寿の遺伝的組成をもつ人は、事故などで死ななければ、特にケアにお金をかけなくとも長生きする確率は高いだろう。しかし、あまりよい遺伝的組成をもっていない人でも、お金をかけて老化やがんの予防をすれば寿命が延びるとなれば、すべての人が等しく保険で老化予防ができる社会にならない限り、貧富の差はそのまま寿命の差になっていく可能性は高い。

老化やがんを予防するのに最初に必要なのは、個々人の遺伝情報の解析であろう。個々人の遺伝情報は究極の個人情報であるから、取り扱い方を間違えると社会的なやっかいごとが増える。遺伝情報を調べてがんや糖尿病が予防できるようになれば、その限りにおいてはとてもすばらしいには違いないが、それには個人的なコストのみならず社会的なコストもかかる。さらにはこの遺伝情報が流出すれば、生命保険の加入や、就職や結婚で差別を受けるかもしれない。

遺伝情報はケータイの番号やEメールのアドレスと違って変えることが不可能な個人情報であり、流出すればめんどうなことになる。本人以外に知らせないと法律で定めるのは簡単だが、比較的良好と考えられる遺伝情報をもっているとわかった個人は、その情報を生命保険や医療保険の契約や就職試験の際に利用して事を有利に運ぼうとするかもしれない。

たとえば、保険会社は、生命保険や医療保険の掛金をあらかじめ相当高く設定しておいて、自分の責任において自己申告してきた人に、遺伝情報の質に応じて保険金を割引くといった制度を作るかもしれない。遺伝情報を知らせるも知らせないもあなたの自由ですが、知らせてもらえない場合は最高額の掛金を頂きますというわけだ。自己決定、自己責任を旨とする社会では、個人情報は本人に帰属し、誰かに知らせるのも、公開するのも本人の自由だという建て前を崩すのは難しい。さりとて遺伝情報を本人に知らせなければ、これに基づき老化やがんを予防することはできない。

遺伝情報をどううまく管理するかということに関して、法的な整備を整えると共に社会的な合意を形成することが重要になってくるだろう。

たとえば、遺伝情報に関しては然るべき機関に集中させて管理し、本人に対しては口頭以外には知らせない、といったことが必要になるかもしれない。どんな遺伝情報を有しているかについての正式な書類が発行されなければ、保険会社に自己申告しても、それが本当かウソかは保険会社にはわからないので、掛金に差がつくこともないだろう。と同時に、自分の遺伝情報に関してはウソの申告をしても処罰されない、ことを法的に保証することも大事かもしれない。

わからないほうが幸せ?

遺伝情報を調べれば、老化やがんや遺伝病のすべてが完璧に予防できるようになるかどうかはともかくとして、少なくとも過渡期の間は、DNAを調べたら不治の遺伝病が見つかることもあろう。予防も治療も不可能な遺伝病の情報を本人に知らせるかどうかは微妙な問題となる。

現在では、たとえばハンチントン病は、遺伝子を調べれば発病するか否かほぼ一〇〇パーセントの確率でわかる(この病気は優性の遺伝病で、父親か母親のどちらかが病気であったとすると、二分の一の確率で遺伝する。四十歳から五十代に発病し、運動障害や痴呆が進行して人格崩壊を起こして死亡する)が、病因遺伝子をもっていることがわかっても予防法はなく、近未来での確実な死が約束されるだけだ。

アメリカでこういう話がある。父親がこの病気で亡くなった美人で聡明な娘さんがいた。恋人がいたのだが、結婚するかどうか躊躇《ちゅうちょ》していた。そこで思い切って検査をして、シロだったら晴れて結婚して、クロだったらどうするかは、その時に考えようということになった。果たして結果はシロであった。ところが、この娘さん、シロとわかった途端に恋人と別れたそうな。その心は……シロの私ではなく私と結婚してくれると約束してくれれば良かったのに、ということだろう。何しろ美人で聡明なのだから、ハンチントン病でないとわかれば、結婚相手はいくらでも見つかるのだ。

もう一つ、これもアメリカの話。やはり父親がこの病気で亡くなり、自分もきっと五十歳少しで同じ病気で死ぬに違いないと確信していた男がいて、どうせ死ぬのだからと、あちこちから借金をして遊び回っていたという。しかし病気の徴候は一向に現われず、検査をしたらシロで、借金をかかえてノイローゼになったそうな。世の中、わからないほうが幸せということは多いのだ。

老化防止のコストは誰が負担するのか？

さて、老化やがんを予防する方法が見つかったとして、その費用負担をめぐって社会的なバトルが起きることが予想される。

まず最初は、話は早老症の治療といったようなところからはじまるだろう。この治療法が老化防止に有効だということがわかっても、先進国ではしばらくは認可が出ないだろう。なぜならば、老化は病気ではないという常識の下では、単に老化を遅らせるためにという名目では、遺伝子治療のようなハードな療法は認可されないに違いないからだ。

そこで、規制の厳しくないマイナーな国で、あるいは非合法を承知で、寿命伸長療法を受ける金持ち連中が現われるに違いない。ここで画期的な成果が出れば、先進国の政府も認可せざるを得なくなる。大金を使えば寿命が買えるというのは、大衆の羨望と嫉妬の対象となり、人々はなけなしの金をはたいて老化防止のために奔走することになるだろう。大衆化は技術革新を加速させ、費用は徐々に安くなるだろうが、それでも衣食住だけでギリギリの生活をしている人には手が出ない。

これを放置すれば、国民の間で寿命の二極化が起きて、金持ちは長寿組、貧乏人は短命組となるかもしれない。そうなれば、この不公平を解消するために、老化は病気だと叫ぶ人が大勢現われて、老化防止に対しては健康保険が適用されるようになるのかもしれない。そうなれば、すべての人は老化という病気を大なり小なり患っていることは間違いないから、治療費は膨大なものとなり、その財源をどうするかをめぐって、社会的なバトルが起きるだろう。

健康で長生きしたいという欲望は、普遍的かつ極めて強固なものだから、百歳でピンピンしている人を目のあたりにして、お前は金がないから早死にしろという話に納得する人はほとんどいないと思う。それにもしかしたら、老化の防止をせずに放置して、最後に痴呆になったり寝たきりになったりするよりも、老化防止にコストを注ぎ込んで百～百十歳ぐらいでコロッと死んでくれたほうが、トータルの医療費は安くつくかもしれない。

そうなればいいのだが、いちばんありそうなシナリオは、お金を注ぎ込んで老化を防止して二十～三十年寿命を延ばしても、結局その時点で痴呆や寝たきりになり、社会的なコストはよりたくさんかかるというものだ。最悪のパターンは、老化防止の治療は、社会的に有意義な活動ができないほど、知力、体力が衰えた老人をただ無闇に長生きさせておくだけになることだろう。六十五歳から五十年も年金生活をする人が数千万人というレベルになったら、年金制度はもちろんのこと、国家が破綻しかねない。

そうなる可能性は高いとしても、現実に寿命が二十年も三十年も延びるとなれば、長寿を願う人々の欲望は止まらない。寿命を延ばす技術を開発したばかりに、階級間の闘争が激しくなり、暴動やテロが頻発し、それで亡くなる人が増大して、平均寿命はかえって下がったなどという皮肉な結末にならないとも限らない。

定年八十歳社会をシミュレーションする

まあ、あまり暗い話をしても仕方がないので、社会の安定が失われずに、平均寿命が百歳近くまで延びて、多くの人々がヒトの最大寿命近くまでそこそこ元気で生きられるようになったとして、社会はどう変わるかを考えてみよう。

ほんの少し前までは六十歳といえば、おじいさん、おばあさん、という感じで、縁側でネコを抱いて日なたぼっこをしているというイメージであった。それが今では、六十歳は未だ中年の続きで、働き盛りの人も多く、定年になった人でも、趣味を楽しむ人々も多い。七十代になると、そろそろ個人差が激しくなり、まだまだ若々しい人もいる反面、急に老け込む人も出てくる。八十代になると、さすがにほとんどの人は、年寄りだなあ、という感じになる。

さて、何十年か何百年か後に老化防止が現実のものとなり、八十歳の人が現在の六十歳の人と老化の程度が同じくらいになったと考えてみよう。六十〜六十五歳で定年退職して、六十五歳から年金生活といった現在のライフスタイルを社会的に支えることは不可能になる。六十代はもちろんのこと、七十代の人にも働いてもらって、自分の食いぶちは自分で稼いでもらうより仕方がない。定年退職の年齢は、七十五歳から八十歳に引き上げられるだろう。

日本では少し前まで、定年は五十五歳であった。平均寿命が六十五歳なら、それでも社会は充分やっていける余裕がある。しかし、平均寿命が九十歳を超えるとなれば、六十五歳から年金を支給する制度は瓦解せざるを得ない。それで、定年は引き上げざるを得ないが、それはかなり大きなインパクトを社会全体に与えることになるだろう。

順調に学歴が進んで二十二歳で大学を卒業してすぐに就職し、そのまま八十歳まで同じ会社に勤めるとすれば、なんと勤続五十八年ということになる。年功序列のまま、この制度を導入すると、係長になるのが五十歳、課長になるのが六十歳、部長になるのが七十歳といった恐ろしいことになりそうだ。

賃金も年功序列のままだと、会社は潰れてしまうだろうから、定年までの終身雇用を旨とする会社であっても、賃金体系は大きく変わらざるを得ないだろう。

新入社員で入社して徐々に賃金が上昇し、五十歳でピークに達した後は徐々に下がって、定年の時は新入社員と同じくらいに戻るというようになるかもね。それに伴い、一部の例外的な人を除いて、五十歳でその人なりの最高位の役職について、その後は再び平社員に戻るといった人事システムとなる可能性も高い。

あるいは、最初から役職も賃金も実力本位で、年齢とは全く連動しないシステムが当たり前になるかもしれない。しかし、人は若い時に慣れ親しんだシステムに洗脳されていることが多いため、急激に新しいシステムを導入しても、心の準備が追いつかず、システムだけが先走って、うまく機能しないことは大いにあり得る。システムを動かすのは、結局は人間だからだ。

新しいシステムに人々を馴致《じゅんち》させるのは難しいにしても、会社の方針でそうなってしまえば、やむを得ないわけで、多くの人々はブツブツ言いながらも、新しいシステムに馴れようと努力するだろう。

社会の流動性を高める工夫が必要

いちばんの問題は、社会のトップにいる人々が権力を握ったまま、なかなか引退しないことだろう。たとえば、三十歳で当選した議員が九十歳になってもまだ引退しないで頑張っているとか、五十年も同じ人が社長をやっている会社が出現するとか、あるいは、学界を牛耳っているボス学者が老害を撒き散らし、いつまで経っても居坐っているとか。いろんなことが起こるだろう。

若い人がいつまでも第一線に出られないような社会は保守的になり、活力が乏しくなることは確かであろう。流動性を高める方策を考えないと、社会は停滞して、老人ばかり増えて、景気も悪くなるばかりといったことになりかねない。

資本主義が正常に機能するためには、様々な商品の流動性を高めることが重要になるが、長寿社会では個人の社会的役割の流動性を高めることがとても重要になるはずだ。株式会社の経営者の人事は株主総会の承認が必要だし、何よりも会社は業績を上げないことにははじまらないわけで、無能な年寄りが役職にしがみつく確率は低い。

問題は政界とか学界とか、外部からのチェックがなかなか行き届かない分野での流動性の確保であろう。これは今でも難しい問題なわけで、長寿社会になったからと言って、いきなり解決策が出現するものではないだろうが、衆参議員の多選禁止などといった有効な方法を考えるべきだろう。

長寿社会になれば、働ける期間は現在よりはるかに長くなるわけで、社会的役割の流動性の確保のためにも、人々がその時々の気分で比較的自由に職業を変えることができるような社会システムを構築することはさらに重要かもしれない。

解剖学者の養老孟司は、以前から都市生活と田舎の生活の参勤交代を主張しているが、現在のシステムでは脱サラをして田舎で暮らしたくても、収入は乏しく、さらに一度会社を辞めたら、特殊な才能でもない限り復帰するのは非常に困難なので、参勤交代と口で言うのは簡単だが、実現はほとんど絶望的である。

しかし、ヒトは時に頭を使い、時に体を使い、さらには全く別の商売をやったりして生きるほうが退屈しないことは確かであり、長寿社会では、この退屈しない生き方というのは相当重要な気がする。同じ会社に五十年以上勤めていたら誰でも飽きてくる。そこで、簡単に転職可能なシステムを考えよう。

まず、普通の会社であれば、役員を除いてすべて時給いくらのアルバイトにしてしまう。ただしアルバイトといえども、その身分は現在の正社員と同等程度には保証され、会社の都合でクビにはできないようにする必要がある。

次に最低の時給を現在の水準で二五〇〇円くらいにする。働き方は本人の選択が尊重されるようにして、週休二日、三日、四日（すなわち働くのは週五日、四日、三日）など本人のライフプランに合わせて自由に決められるようにする。

そうすれば、一日八時間、週五日働けば月収は四〇万円ほどとなり、ボーナスがなくても暮らしていけるだろう。余暇がたくさんほしい人は週休三日にすれば、月収は三二万円ほどとなる。もちろん、会社がどうしても必要な人材に対しては、いくらでも時給を上げることができるわけで、悪平等にはならないだろう。辞めてもまた勤めれば最低時給の二五〇〇円は保証されるのであれば、人々は自分の趣味やライフプランに合わせて働きたい時に働くことができ、うつ病やノイローゼになる人も少なくなり、自殺者も減るだろう。収入の世代間格差や職種による格差も少なくなり、長寿社会に相応しいシステムだと思われる。

ただし問題は、様々な格差は日本国内だけではなく、日本と他の国々の間にもあり、日本だけが理想的な雇用システムを採用しようとしても、経済がグローバル化した世界では、国際競争に敗れてしまう懸念があり、理想通りにはなかなかうまくいかない点にある。ただ、あと何百年も経って、世界全体が長寿社会になったとすれば、話はどう転ぶかわからない。

理想的な長寿社会になれば、余暇が増えるので、人々のニーズも多様になり、レジャー関連の商品の売れ行きが増大するかもしれない。現在の様々な商品は主に若者向けにできているが、老人が増加して購買欲も衰えないとなると、企業の商品戦略も老人向けにシフトする必要があろう。どんな商品が売れるのか見当もつかないけれどね。八十歳定年ともなれば、あまり若い時から社会に出て働く必要もなくなるし、両親はいつまでも健在なので三十歳くらいまで大学や大学院で遊んでいる若者も増えるであろう。

先進国と途上国の寿命格差

さて、長寿社会の最大の問題は資源問題と人口問題である。平均寿命が八十歳から百歳に延びれば、ヒト一人が生涯の間に使う資源量も二十年分増加する。出生率が下がらなければ、ヒト一人当たりの資源量はその分減ることになる。世界の食糧やその他の製品の生産量は、ほぼ完璧に利用できるエネルギーの総量と比例している。

しかし、石油をはじめとする化石燃料はいずれ枯渇することは確実なので、これに代わる新エネルギー源が開発できなければ、人類は長寿社会の到来などといって喜んでいられる状況ではなくなる恐れが強い。

希望するすべての人に老化防止の対策ができるなどという贅沢は、一人当たりの生産性が右肩上がりに増大し続けるという条件なしにはあり得ない。現在でさえ、先進国と発展途上国（もしかしたら途上ではなく永久に発展しないかもしれないけど）の間には、平均寿命において大きな差がある。これはエネルギーをはじめ、一人当たりに使える財の量がケタ違いだからだ。老化防止の医療技術などといったものが開発されなければ、国民の平均寿命は衛生環境のインフラ整備にほぼパラレルに対応するので、飢えに直面する国民がほとんどいない先進国においては、収入の多寡と寿命の間に相関はほとんどないはずだ。

それに対し、発展途上国の平均寿命が相対的に低いのは、下層階級の人々の栄養状態が悪いのと、衛生環境のインフラ整備が劣悪なためである。良好な衛生環境を確保できるのは一部の富裕層に限られ、故に途上国においては、収入と寿命の間に有意の相関があるに違いない。

生産性が右肩上がりにならないまま、老化防止技術が進めば、相当の税金を国民の老化防止のために投入しない限り、一部の人々の寿命のみが延びることになろう。先進国においても途上国なみに、収入格差と寿命格差が同時に拡がることになるだろう。老化防止の処置を受けられない人々の不満がたまれば、社会不安が増大して社会は物騒になってくる。

それを避けようと思えば、すべての国民に等しく老化防止の処置をする他ないが、経済が右肩上がりにならなければ、税収は上がらず、老化防止のために大量の税を投入すれば、他の公共財が貧困にならざるを得なくなり、これはこれでまた、やっかいなことになる。

化石燃料に代わる代替エネルギーを開発して、生産性を右肩上がりにして(少なくともマイナス成長にならないようにして)、しかも人口増加を抑制して一人当たりのパイを増やす社会システムを構築できない限り、どんなに優れた福祉技術も、国民に等しく行き渡るわけにはいかない。それは寿命伸長技術とても同じことである。

不老不死の未来社会を空想する

無限に近い時間をどう生きるか

最後に、たとえば核融合といった画期的な新エネルギー技術が開発され、一人当たりの生産量は増え続け、老化防止技術もどんどん進み、ついに寿命の限界がなくなった、すなわち不老不死が実現した遠い未来に、どんなことが問題になるかを考えて、本書の締め括りとしたい。

ここは千五百年後の地球である。寿命伸長技術は極限まで進んだ。現在の最長寿者は三百八十五歳。ちょうど三百三十年ほど前に画期的な老化防止技術が開発されて、すでに老化が相当進行して手遅れだった人を除いて、ヒトは若さを保ったまま生き続けることができるようになった。三百八十五歳の最長寿者を筆頭に三百歳以上の人は全世界ですでに三〇億人を超え、世界人口は二〇〇億人にならんとしている。

感染症もほぼ克服され、稀に起こる事故以外で亡くなる人はほとんどいなくなった。ヒトの寿命に最終的な限界があるかどうかをめぐって、つい最近まで学者たちは議論を繰り広げていたが、三百七十五歳のプロゴルファーが世界的なトーナメントで優勝するに及び、専門的な学者はともかく、世間一般の人々は、ヒトはついに不老不死になったと信じるようになった。

あれほど願った不老不死が現実のものとなると、多くの人々は無限に近い時間をどう生きるかにマジで腐心しはじめた。本屋の店頭には『無限の人生をどう生きるか』とか『究極のヒマつぶし術』とか『二百年かけて登る世界の千名峰』とかいった書物が並び、趣味の教室は大盛況で、なかには二百歳を過ぎてから大学に再入学して新しい学問や技術を学び新しい職にチャレンジする人も増えてきた。

ここのところ、世間の耳目を引いているのは、自殺者の数が徐々に増加していることだ。千年以上前の自殺者は人生に絶望したり、病苦に悩んだりした果てのものが多かったが、今の自殺者は動機が全く違ってきているようだ。死ぬ人が滅多にいなくなって、たまに人が死ぬと、無名の人でも新聞に顔写真が載ったり、知人による評伝が載ったりして結構なイベントになる。有名になるいちばん手っ取り早い方法は、死ぬことであると思う人が増えているのが原因だと、分析する識者の意見が、かなりのリアリティーをもって受け入れられている。

自殺防止のために募集した標語の中で、いちばん人気の高かったのは、「無限の人生、無限のチャレンジ——あなたが世界一になる日——」というもので、自殺をしなくても有名になるチャンスはいくらでもあるよという呼びかけである。この呼びかけに応じて多くの人は、様々なことにチャレンジして、自分の才能が最高に発揮できる職業や趣味を探しているみたいだ。しかし、ずっと以前から次々と職を変えたり、趣味を変えたりしている人たちに聞いてみると、何をやっても才能を発揮する人と何をやってもダメな人がいるようで、寿命の伸長はそこそこでいいから、才能を上昇させるバイオ技術を待望する人が増えているとのこと。結局どんなに技術が進んでも人間の欲望にはキリがないということらしい。

人口抑制政策が課題に

そういったノーテンキなお話とは別に、今、世界連邦政府が頭をかかえている問題がある（言い忘れていたけれども、二百年ほど前から、世界には国境がなくなって、人々は自由にどこへでも行けるようになった。極めて優れた携帯用の自動翻訳機械が開発され、相手のしゃべったコトバは瞬時に自分の母語に翻訳され、自分のしゃべったコトバもまた瞬時に相手の母語に翻訳されるので、これさえあれば、誰とでも自由にコミュニケーションできるようになったのだ）。

人はほとんど死ななくなったので、このままでは人口は限りなく増加することが自明になってきたのだ。連邦政府はずっと以前から、子供を生んだら人頭税を取る政策を進めてきたが、逆に言えば、税金を納めさえすれば子供は何人でも生めるわけで、子供をもつのは一種のステータス・シンボルになり、収入の半分以上を人頭税として取られても、子供をもちたいという人も増えてきた。

貧しい人の中には、金持ちだけが子供をもてる制度はおかしいと反発する人も多く、子供人頭税をめぐっては論争が絶えない。子供を生むかどうかは個人の権利であり、政府が関与するのはおかしいと主張する自由主義的な人々は、人頭税全廃をかかげて政党を作り、この政党の議員の数は全議員の四分の一を占めている。

画期的な新エネルギー技術と食糧生産技術の開発ももはや頭打ちで、このまま人口増加が続けば、百年後に地球はパンクして餓死者が出るかもしれないと、人口問題の専門家は警告している。人口を抑制しなければ大変なことになると、大半の人々は頭では理解していても、五年、十年先の話ではなく、百年先の話となると、まあ、ゆっくり考えようやということになってしまいがちで、議論はいまいち盛り上がらない。

業を煮やした連邦政府は、「百年後の地球」と題する教育ビデオを作ってテレビで毎日のように放映し、飢えてガリガリになった人や、食料を奪い合って殺戮合戦を繰り返す人々の映像を流し、恐怖をあおっている。おかげで最近の世論調査では、人口抑制に本気で取り組むべきだと考える人の割合が徐々に増えつつある。何と言っても、ほとんどの人は百年後にも生きているわけで、百年後の飢えの恐怖は自身の問題でもあることに気づき出したのだ。

さあ、それで人口抑制の具体策はどうするのか。どんなに規制を厳しくしても非合法で子供を生む人が後を絶たないのは、今までの政策で実証ずみだ。非合法で生んだ子供だからといって殺すわけにはいかない。いっそのこと全員に避妊手術をするのはどうだろうか。しかし、そんな手術に人々が同意するとは思えない。政府の人口対策委員会は、人口抑制政策の具体案をめぐって頭をかかえていた。

避妊薬を全世界に散布

そんなある日、画期的な避妊薬が開発されたとの報せがもたらされた。これは精子形成を阻害する薬で、飲料水に混ぜたり、空気中に散布することで、男性の体内に取り込ませれば、ごく微量で効果は絶大で、副作用もなく理想の避妊薬との触れ込みであった。政府は乗り気になり、さらに安全性を確かめるように指示を出した。

この薬が避妊以外に全く安全であることが確かめられたとして、問題はさらにいくつかあった。一つはこの薬を全世界に散布することに人々が同意するか否か。もう一つは、事故で死ぬ人は稀とはいえ確実にいるわけだから、子供が全く生まれなくなると、極めて遠い未来に人類は死に絶えてしまわないだろうかという懸念。

後者に関しては、避妊薬を散布する前に世界中の人から集めた精子を保存しておく精子バンクを作り、世界人口が極端に減るようだったら、計画的に人工授精を行って人口調節をすればよいという方向でなんとかなりそうだということになった。

問題は薬の散布にあった。いちばんきつい反対は環境保護論者からのもので、この薬を全世界に散布すれば、人間のみならず、他の哺乳類も軒並み不妊になり、野生の哺乳類はこの世界から消えてしまう。どうするんだ、というものであった。今や地球上のほとんどの地域は膨大な人口を養うための耕地となり、自然生態系はほとんど残っておらず極めて貴重になり、そこに棲むすべての野生生物は厳重に保護されていた。ちなみに家畜はすべてクローンで作られており、精子は不要であった。

連邦政府のとった措置は簡単であった。貴重な自然生態系はほんのわずかしか残っていないことが幸いした。すべての自然生態系をシェルターの中に入れて、外界からシャットアウトして、避妊薬の霧が入らないようにすればよい。かくして、自然生態系は今では最も極端な人工生態系となったのである。

全世界の人々の住民投票で、散布案が賛成多数で成立してしばらく経った頃、二人の男が公園の木陰で将棋を指しながら次のような会話をしていた。

T「ヨネさん、何年将棋指しているんだ」

Y「かれこれ、二百八十年かな」

T「それにしては一向に上達しねえな」

Y「トモさんは何年？」

T「オレは三百年」

Y「他人《ヒト》の事は言えないよね。ホレ王手、即詰みだよ」

T「ちょっと待ってくれ」

Y「待ったはナシって約束したじゃん」

T「人生は長えんだよ。待ったの一回や二回いいじゃないか」

Y「人生が長えのと待ったは関係ねえっつうの」

T「わかったよ。負けたよ。もう一番やろう。時に、最近思うんだけどな。昔の人は楽しかったような気がする」

Y「どうして？」

T「人生が短かったからよ。オレは長すぎて退屈でしょうがない」

Y「そう思うんなら、とっとと死んだらいいじゃん。三百年以上生きててよく言うよ」

T「でも死ぬのはやっぱ、こわいじゃん」

Y「それじゃ、退屈しながら生きている他ねえな」

T「死ぬのって面白いかな。一回死んでも生き返る方法があればいいのに」

Y「バカいっちょし（注、これは山梨弁でバカ言うなという意味）。早く指さねえと日が暮れちまうぞ」

T「ヨネさん、この将棋、持ち時間二十年だって知ってた……」

Y「エーそうなの。まあ無限の人生に比べりゃ、どんな時間も一瞬だけどな」

著者紹介
池田清彦（いけだ　きよひこ）
1947年、東京生まれ。生物学者。東京教育大学理学部生物学科卒業。東京都立大学大学院生物学専攻博士課程修了。山梨大学教育人間科学部教授を経て、現在、早稲田大学国際教養学部教授、山梨大学名誉教授。専門は、理論生物学、構造主義生物学。多元的な価値観に基づく構造主義科学論を提唱して注目を集める。無類の昆虫採集マニアでもある。フジテレビ系「ホンマでっか!?TV」の歯に衣着せないコメントが人気。
主な著書に、『この世はウソでできている』（新潮社）、『生物多様性を考える』（中公選書）、『昆虫のパンセ』（青土社）、『ナマケモノに意義がある』（角川oneテーマ21）、『環境問題のウソ』（ちくまプリマー新書）、『やがて消えゆく我が身なら』（角川ソフィア文庫）、『38億年生物進化の旅』『新しい生物学の教科書』（以上、新潮文庫）など多数ある。

本書は、2009年10月にＰＨＰ研究所から発刊された『寿命はどこまで延ばせるか？』を改題したものである。

PHP文庫　なぜ生物に寿命はあるのか？

2014年８月19日　第１版第１刷
2022年12月９日　第１版第２刷

著　者　池田清彦
発行者　永田貴之
発行所　株式会社ＰＨＰ研究所
東京本部　〒135-8137 江東区豊洲5-6-52
ビジネス・教養出版部　☎03-3520-9617（編集）
普及部　☎03-3520-9630（販売）
京都本部　〒601-8411 京都市南区西九条北ノ内町11
PHP INTERFACE　https://www.php.co.jp/
組　版　朝日メディアインターナショナル株式会社
印刷所
製本所　大日本印刷株式会社

©Kiyohiko Ikeda 2014 Printed in Japan
ISBN978-4-569-76220-3
※本書の無断複製（コピー・スキャン・デジタル化等）は著作権法で認められた場合を除き、禁じられています。また、本書を代行業者等に依頼してスキャンやデジタル化することは、いかなる場合でも認められておりません。
※落丁・乱丁本の場合は弊社制作管理部（☎03-3520-9626）へご連絡下さい。送料弊社負担にてお取り替えいたします。

PHP文庫

もうだまされない！
「身近な科学」50のウソ
原発、エネルギー、環境、健康知識のホント

武田邦彦 著

「100ミリシーベルトまでは安全」は本当か？ 都合よく解釈されるデータのウラを読み解き、科学リテラシーを身につけるための入門書。